Landmann · Der Hausrotschwanz

Sammlung Vogelkunde im AULA-Verlag

Wissenschaftlicher Beirat
Prof. Dr. Hans-Heiner Bergmann
Dr. Einhard Bezzel
Prof. Dr. Ellen Thaler

Bereits erschienen

Der Turmfalke
Renate Kostrzewa/Achim Kostrzewa

Der Buchfink
Hans-Heiner Bergmann

Die Schleiereule
Thomas Brandt/Christian Seebaß

Der Waldrapp
Karin Pegoraro

Der Hausrotschwanz
Armin Landmann

Titel in Vorbereitung

Das Braunkehlchen
Anita und Hans-Valentin Bastian

Der Großbrachvogel
Martin Boschert/Manfred Kipp/
Frank Oberbrodhage/Robert Tüllinghoff

Der Wasserpieper
Christiane Böhm

Die Goldhähnchen
- Vogelzwerge im Nadelwald
Ellen Thaler

Der Kiebitz
Gerhard Kooiker/Claudia Verena Buckow

Weitere Titel in Planung: Lachmöwe, Blaukehlchen, Rotkehlchen, Sperlinge, Brandente, Pirole, Kuckuck, Orpheus- und Gelbspötter, Wachtelkönig, Alkenvögel des Nordatlantik, Graugans u.a.

Die Reihe wird fortgesetzt

Armin Landmann

Der Hausrotschwanz

Mit 47 s/w- und 13 Farbabbildungen

Vom Fels zum Wolkenkratzer – Evolutionsbiologie eines Gebirgsvogels

AULA-Verlag Wiesbaden

Univ.Doz. Dr. Armin Landmann
Institut für Zoologie
der Universität Innsbruck
Technikerstr. 25
A-6020 Innsbruck

Die Deutsche Bibliothek - CIP-Einheitsaufnahme

Landmann, Armin:
Der Hausrotschwanz : vom Fels zum Wolkenkratzer ;
Evolutionsbiologie eines Gebirgsvogels / Armin Landmann. -
Wiesbaden : AULA-Verl., 1996
(Sammlung Vogelkunde im AULA-Verlag)
ISBN 3-89104-551-4

Fotos: Ch.Böhm, P.Buchner, H.Hörmann, C.Kollinsky, A.Landmann, A.Thaler, N.Winding
Zeichungen: Friedhelm Weick
Umschlag: Klaus Neumann, Umschlagsfoto: P.Buchner
Satz: Bettina Lutze
Druck und Verarbeitung: Druckhaus Thomas Müntzer, Bad Langensalza
Printed in Germany/Imprimé en Allemagne

ISBN 3-89104-551-4

Inhalt

Vorwort

Der Hausrotschwanz ist ein faszinierendes Studienobjekt. Keine andere Vogelart der Westpaläarktis besiedelt so wie er alle Höhenstufen von der Meeresküste bis an den Rand der Nivalstufe in den Alpen und asiatischen Hochgebirgen. Nur wenige andere Arten haben die dramatische Umwandlung der europäischen Kulturlandschaft in den letzten 200 Jahren so unbeschadet überstanden und sich so erfolgreich an die Veränderungen und an den Menschen angepaßt. Der Hausrotschwanz gehört zu den wenigen Vogelarten, die auch der Großstädter regelmäßig ohne größeren Aufwand beobachten kann. Er zählt mit Amsel, Hausspatz, Bachstelze, Grünfink und Kohlmeise in Mitteleuropa zu den treuesten Besiedlern aller Siedlungstypen. Ob Tiroler Bergweiler und Schweizer Maiensässen, oft nur Ansammlungen weniger Blockhütten, ob Glas-und Betonwüsten der City von Weltstädten wie London oder Berlin oder Kontainer- und Lagerhauslabyrinthe der Riesenhäfen von Rotterdam oder Hamburg: Überall ist der Hausrotschwanz als Begleiter und Profiteur unserer Siedlungs- und Wirtschaftstätigkeit anzutreffen. Die Nähe zum Menschen hat dem Hausrotschwanz eine Fülle von klangvollen und teils recht seltsamen Volksnamen, wie Rotzigeli, Rotstörzli, Brantele, Brandreiterl, Dachgatzer, oder gar Schwappelarsch, eingebracht, die von E. und L. GATTIKER (1989) oder, besonders akribisch, von W. WÜST (1970) für Bayern zusammengestellt wurden.

Unser Wissen über den Hausrotschwanz ist aber dadurch überraschenderweise nicht sehr gefördert worden. Die Art kann sogar als vergleichsweise schlecht untersucht gelten und so ist der Hausrotschwanz nicht nur der am wenigsten bekannte häufigere Siedlungsvogel, sondern wohl auch die schlechtest bearbeitete kleine Drossel Europas. Dies läßt sich auch mit Zahlen belegen. Ein gutes Maß für unseren Wissensstand ist der Umfang der Artkapitel in den aktuellen Singvogelbänden (1985-1993) des Handbuchs der Vögel Mitteleuropas: Der Hausrotschwanz rangiert dabei platzmäßig sowohl unter den wichtigen Siedlungsvögeln, als auch unter den kleinen

Drosseln an letzter Stelle. So beanspruchen z.B. Kohlmeise 129, Amsel 89, Star 87, Mönchsgrasmücke 71, Rauchschwalbe 56, Bachstelze 52, bzw. Rotkehlchen, Schwarzkehlchen, Steinschmätzer je 63, Blaukehlchen 58, Nachtigall 57, Braunkehlchen 54 und Gartenrotschwanz 46 Seiten, das Kapitel Hausrotschwanz umfaßt aber „nur" 41 Seiten.

Die bislang vorliegenden monographischen Abhandlung über den Hausrotschwanz in den neueren Handbüchern (Glutz & Bauer 1988, Cramp 1988) und das Buch von Menzel (1983) sind detailreich und informativ, haben aber deutliche Schwerpunkte im deskriptiven Bereich. Ich möchte dagegen versuchen, funktionell-adaptive Aspekte in den Vordergrund zu stellen. Die äußere und innere Organisation des Vogels, seine Lebensäußerungen und biologischen Besonderheiten werden als Ergebnis des evolutionären Hintergrundes und vergangener bzw. aktueller Selektionsmechanismen gesehen und, soweit möglich, vor diesem Hintergrund interpretiert. Dementsprechend werden z.B. die in vielen Monografien und Handbuchtexten in gesonderten Kapiteln dargestellten Verhaltensweisen nicht als selbstständige Einheiten behandelt. Jede aktive Lebensäußerung ist schließlich „Verhalten", das nur im jeweiligen biologischen Funktionskreis und im ökologischen, morphologischen, physiologischen Rahmen sinnvoll zu beschreiben und zu interpretieren ist. Eine auch nur informelle Trennung von Ethologie und Ökologie erscheint mir daher vor dem Hintergrund moderner verhaltensökologischer Konzepte nicht mehr angebracht.

Die vorliegende Monographie kann sich in vielen Details auf die in den modernen europäischen Handbüchern sorgfältig zusammengetragenen Daten stützen. Die Darstellung und besonders Interpretation basiert aber, besonders in den verhaltensökologischen Teilen wesentlich auf eigenen Erfahrungen und Untersuchungen, die ich mit Mitarbeitern in den letzten Jahren in den Alpen und im Himalaya durchgeführt habe, sowie auf der Auswertung neuerer Originalpublikationen.

Das sich immer hektischer drehende Rad des wissenschaftlichen Erkenntniszuwachses und die unüberschaubare Flut jährlich neu erscheinender Publikationen verstellen uns häufig den Blick auf die Leistungen früherer Generationen und begraben wertvolle ältere Erkenntnisse.

Mit dem Hausrotschwanz und anderen Rotschwänzen hat sich Otto Kleinschmidt schon vor der Jahrhundertwende ausführlich beschäftigt. Kleinschmidt war nicht nur ein origineller Kopf und bedeutender Systematiker, Tiergeograph und Evolutionsbiologe seiner Zeit, dessen Konzepte auch heute wieder Beachtung finden (Eck 1988). Er war auch ein außerordentlich exakter Naturbeobachter und begabter Künstler. Seine Analyse und Darstellung der Biologie und Morphologie von Rotschwänzen und vor allem der Gefiederentwicklung des Hausrotschwanzes waren Pionierleistungen und sind auch heute noch außerordentlich informativ. Die in aufwendiger Steinzeichnungstechnik entworfenen Farbtafeln in seinem Monographienwerk „Berajah“ Zoografia infinita sind heute eine bibliophile Kostbarkeit und in ihrer Detailgenauigkeit und Ästethik unerreicht. Mit der Wiedergabe einiger dieser prächtigen Kunstwerke will ich nicht nur ein exaktes und ansprechendes Bild von der Schönheit und Erscheinungsvielfalt des Hausrotschwanzes vermitteln, sondern auch das Andenken an Kleinschmidt und viele andere Ornithologen, deren Erkenntnisse die aktuelle monographische Darstellung von Arten erst ermöglichen, bewahren.

Dank

S. Eck, J. Martens, B. Nicolai, P. Sackl, E. Vierthaler, K. Vowinkl, N. Winding, U. Wittmann, sowie besonders meine Studenten H. Hörmann und C. Kollinsky haben mir unveröffentlichtes Datenmaterial zur Verfügung gestellt und damit wesentlich zum Gelingen des Buches beigetragen. Für weitere fachliche Hinweise und Diskussionen habe ich R. Andersson, Ch. Böhm, B. Nicolai und M. Weggler zu danken. R. Andersson, H.M. Berg, P. Berthold und B. Nicolai halfen zudem bei der Literaturbeschaffung. Birdlife Österreich, der Schweizer Vogelschutz (SVS), sowie R. Andersson, Ch. Böhm, P. Buchner, M. Camici, H. Hörmann, E. Hortig, C. Kollinsky, A. Thaler, P. Sackl, F. Weick und N. Winding haben mir Fotos zugänglich gemacht bzw. zur Verfügung gestellt. Ch. Böhm, I. & S. Landmann, sowie C. Villinger haben Teile des Manuskriptes kritisch gelesen und auf sprachliche Ungereimtheiten und orthographische Fehler hin überprüft. E. Bezzel hat schließlich das Endmanuskript akribisch genau durchgesehen und wertvolle Anregungen für die stilistische Entschlackung gegeben.

Ihnen allen gilt mein herzlicher Dank.

Innsbruck, Januar 1996 Armin Landmann

1 Verwandtschaften: die Rotschwänze als evolutionäre Einheit

„Das volle Verständnis für die einheimische Vogelwelt können wir nur durch die Kenntnis ihrer fremden Vertreter und Parallelerscheinungen gewinnen"

Diesen richtungsweisenden Satz hat OTTO KLEINSCHMIDT, der Pionier der Rotschwanzforschung, bereits am Beginn dieses Jahrhunderts seiner Betrachtung über „Die fremden Formenkreise des Subgenus Phoenicurus" (KLEINSCHMIDT 1908) vorangestellt.

Da funktionelle und evolutionäre Aspekte im Mittelpunkt dieses Buches stehen, sollen im ersten Kapitel die Herkunft und Radiation (Formenaufspaltung) sowie allgemeine Anpassungstrends innerhalb der Gattung etwas näher beleuchtet werden. Denn in der Tat ist für ein Verständnis der Ausbreitung, Ökologie, Ökomorphologie und anderer Besonderheiten der Biologie des Hausrotschwanzes die Kenntnis seiner Herkunft und nächsten Verwandten recht aufschlußreich.

1.1 Taxonomische Stellung

Rotschwänze (Gattung *Phoenicurus*) gehören zur Familie der Drosselvögel (*Turdidae*), die fast weltweit verbreitet ist und mit etwa 300 Arten eine der größten Singvogelfamilien darstellt. Die Familie wurde traditionell in zwei große Unterfamilien untergliedert, in die echten Drosseln (Turdinae) und in die Erdsänger oder Schmätzer (Erithacinae). Die verwandtschaftliche Stellung und Untergliederung der drosselartigen Vögel ist aber neuerdings vor allem durch biochemische Untersuchungen wieder stark in Diskussion und Fluß geraten. Sowohl die Befunde von DNA-Hybridisationen (SIBLEY & AHLQUIST 1990), als auch jüngste Ergebnisse der Sequenzierung mitochondrialer Cytochrom B-Gene (WITTMANN 1994), legen nahe, daß die kleinen schmätzerartigen Drosseln und damit auch die Rotschwänze, näher mit den Fliegenschnäppern als mit den echten Drosseln verwandt sind. SIBLEY & MON-

ROE (1990) stellen daher in ihrer Übersicht über die Taxonomie der Vögel der Erde, die Schmätzer (Englisch: chats) als Tribus Saxicolini gemeinsam mit den Fliegenschnäppern (Muscicapini) in eine gemeinsame Unterfamilie (Muscicapinae), und diese der Unterfamilie der echten Drosseln (Turdinae) innerhalb der Familie Fliegenschnäpper (Muscicapidae) gegenüber.

1.2 Die nähere Verwandtschaft

Die Schmätzerverwandten sind deutlich altweltlichen Ursprungs. Von den in etwa 30 Gattungen vereinten 157 Arten (SIBLEY & MONROE 1990) sind 69 auf das tropische und subtropische Afrika beschränkt; ein weiteres Sippenzentrum (etwa 30 Arten) stellt der südostasiatische Raum dar, wobei schon ein erheblicher Teil dieser „Tropenschmätzer" Vorkommensschwerpunkte in höheren Berglagen aufweist. Von besonderem Interesse für unsere Betrachtung ist das verbleibende Drittel der Arten mit Verbreitungsschwerpunkt in den nördlichen und gemäßigten Teilen der Alten Welt. Diese etwa 55-60 Arten umfassende „Paläarktengruppe" hat ein deutliches Sippenzentrum im zentral- bis kleinasiatischen Gebirgsraum, der daher möglicherweise das generelle Evolutionszentrum der eurasischen Erdsänger darstellt.

Zu dieser näheren Verwandtschaft der Rotschwänze gehören die vielfach ebenfalls farbenprächtig und kontrastreich gezeichneten Rotkehlchen, Nachtigallen, Buschkehlchen und Blauschwänze (*Erithacus, Luscinia, Tarsiger*) sowie die Steinschmätzer (*Oenanthe*) und die Braun- und Schwarzkehlchengruppe (*Saxicola*).

Die Erdsänger leben, wie der informelle deutsche Name schon sagt, überwiegend am Boden oder bodennahe im Gebüsch und Unterwuchs. Die meist langen, recht kräftigen Beine und die kompakte Gestalt weisen die Gruppe als laufaktive Schlüpfer und Hüpfer aus, deren schlanker Pinzettenschnabel vor allem zum Fang oder Aufpicken agiler Insekten gebaut ist.

1.3 Biogeographie und Evolution der Rotschwänze

Obschon viele kleine Drosselvögel, wie z.B. die Steinschmätzer, höhere Lagen vorziehen, sind die Rotschwänze doch am deutlichsten als Gebirgsvogelgruppe anzusprechen. Alle elf Rotschwanzarten besiedeln zumindest teilweise höhere Berglagen und steigen bis an oder über die Baumgrenze (Tab.1). Selbst der Gartenrotschwanz, der am stärksten baumbewohnende

Tab.1 Die Rotschwänze (*Phoenicurus*): Biogeographie, Ökologie und Ökomorphologie

Abkürzungen: Verbreitung: Z-Asien = Zentralsasiatische Hochgebirge & Hochplateaus; Areal: = ungefähre Ost-West /Nord-Süderstreckung des Areals in Längen-bzw. Breitengraden; Lebensraum: LW = lichte Wälder, Waldrand; SG = subalpine Gebüsche und Geröllhalden, O = offenes-halboffenes Terrain, vor allem Ödland & Kulturland in Berglagen, A = offene, alpine Habitate, F = Felsen, Geröllfelder; Höhenstufen, Vertikalverbreitung (m NN): T = Tiefland, M = Montanregion & Hochplateaus, SA = Subalpinstufe, A = Alpinstufe; Zug: S = Stand/Strichvogel; H = vor allem Höhenwanderungen, KZ = Kurz- Mittelstreckenzieher, LZ = Langstreckenzieher. Körpermasse (in g, Herbst) und alle Maße = Mittelwerte ad Männchen: RFlügel, RLauf, RSchw. = relative Flügel-, Lauf- und Schwanzlänge = mittlere Flügel-, Lauf-, Schwanzlängen jeweils dividiert durch Kubikwurzel der Masse. HIndex = Handflügelindex (Anteil der Flügelspitze an der Gesamtflügellänge in %). Daten vor allem aus Ali & Ripley 1987, Cramp 1988, Eck 1983 und briefl.), sowie eigene, unveröff. Messungen.

No	Art (Zahl der Rassen)	Deutscher Name	Verbreitung	Areal	Lebensraum	Höhenstufen	Zug	Masse	RFlügel	Hindex	RLauf	RSchw
1	*P. frontalis* (1)	Himalayarotschwanz	Himalaya	33/11	A, F, SG	SA-A 2700-4900	H (KZ)	16.1	34.6	21.3	9.3	26.7
2	*P. schisticeps* (1)	Weißkehlrotschwanz	E-Himalaya	23/9	SG, LW, O	M-SA 2400-4300 (4900)	S-H	~ 18.5	32.2	17.9	9.1	27.2
3	*P. caeruleocephalus* (1)	Blaukopfrotschwanz	W-Himalaya, Pamir	24/14	SG, O, LW	M-SA 2300-4300	H (KZ)	~15.5	32.7	19.9	8.8	26.0
4	*P. alashanicus* (1)	Rostkehlrotschwanz	NW-China Tsinghai	4/2	LW, O ?	M-SA (?> 3000)	?	~ 18.5	34.5?	21.9	?	30.1
5	*P. erythronotus* (1)	Sprosserrotschwanz	NE & Z-Asien	35/13	LW, SG	M (SA) 1500-3000 (5400)	KZ (H)	18.7	32.6	22.5	8.9	26.9
6	*P. erythrogaster* (2)	Riesenrotschwanz	Kaukasus, Z-Asien	41(71)/31	A, F	A 3050-5500	S-H	25.2	36.5	23.1	8.8	24.0
7	*P. hodgsoni* (1)	Feldrotschwanz	Tibet; E- Z-Asien	17/13	SG, O, LW	M (SA) 2700-4300	H, KZ	~18.0	32.4	21.6	9.2	26.3
8	*P. ochruros* (7)	Hausrotschwanz	SW-Paläarktis	120/29	O, A, F	(T) M-A 0-5200 (5700)	KZ (H)	16.2	34.6	23.6	9.5	24.0
9	*P. phoenicurus* (2)	Gartenrotschwanz	NW-Paläarktis	120/44	LW	T-SA 0-2400	LZ	14.7	33.1	27.1	8.9	22.7
10	*P. auroreus* (2)	Spiegelrotschwanz	E-Asien- E-Tibet	54/25	LW, O	M (SA) 900-4000	KZ	~18.0	28.3	20.8	8.8	24.8
11	*P. moussierei* (1)	Diademrotschwanz	NW-Afrika	22/8	SG, LW, O	T-SA 0-3050	S (H)	14.5	27.7	17.4	9.9	19.3

Gattungsvertreter, besiedelt vielerorts regelmäßig die obere Bergwaldstufe, seine Vorkommen in Südeuropa beschränken sich sogar weitgehend auf höhere Gebirgslagen (GLUTZ & BAUER 1988).

Die Evolution der Rotschwänze hat ohne Zweifel in den erdgeschichtlich sehr alten Gebirgen und Hochplateaus Zentralasiens, die übrigens auch Urheimat anderer europäischer Gebirgsvögel waren (z.B. Alpenbraunelle, Schneefink und Mauerläufer), ihren Ausgang genommen (Abb.1.1). Von diesem Sippenzentrum in Hochasien aus hat sich die Gruppe offenbar später mit einigen Arten vor allem in die jüngeren Faltengebirge im Süden und Südwesten (besonders Himalaya, Pamir) und Westen (Hindukusch, Transkaukasus, Kaukasus, Alpen, Pyrenäen, Atlas) ausgebreitet und vereinzelt mit dem Gartenrotschwanz auch das nördliche Tiefland der Westpaläarktis, sowie mit dem Spiegelrotschwanz auch Nordostchina und Südostsibirien bis hin zu den Küstenbergen Sachalins besiedelt. Die meisten Rotschwanzarten haben aber nach wie vor ihren Verbreitungsschwerpunkt in Hochasien, also etwa im Raum zwischen dem Hindukusch und Pamirgebirge im Westen, dem Tien-shan und Altai im Norden, dem Himalaya im Süden und den Osttibetischen und Westchinesischen Bergen im Osten (Abb.1.1).

Die Geschwindigkeit und Dimension innerartlicher Formenaufspaltung (Rassenbildung), die schließlich zu Bildung neuer Arten führen kann, wird besonders auch durch die Möglichkeit von Populationen, sich geographisch zu isolieren, gesteuert. Gebirge bieten daher ähnlich wie ozeanische Inseln grundsätzlich gute Voraussetzungen für Formenaufspaltung. Viele Gebirgsorganismen sind dementsprechend phäenotypisch und genotypisch stärker heterogen als verwandte Festlandgruppen. Die Rotschwänze gehören wie die Steinschmätzer wohl auch daher zu den artenreichsten Gattungen innerhalb der Erdsänger. Obschon die Areale der meisten Rotschwanzarten einige mehr oder weniger stark voneinander isolierte Gebirgszüge umfassen, ist aber das Ausmaß der innerartlichen Formenbildung relativ gering (Tab. 1). Dies mag bei den asiatischen Gebirgsrotschwänzen zum Teil auf die mangelnde Erforschung von Teilpopulationen zurückzuführen sein. Doch ist bei den Rotschwänzen die Formenvielfalt auch positiv mit der Arealgröße korreliert (Tab. 1). Eine deutliche Unterartengliederung weisen nur die vier über einen größeren geographischen Raum verbreiteten Arten Riesen-, Spiegel-, Garten- und Hausrotschwanz auf. *Ph. alashanicus*, der isoliert in den Bergen Nordwestchinas lebt, ist allerdings als Absplitterung des Sprosserrotschwanzes (*P. erythronothus*) anzusehen und wird von manchen Autoren nur als Subspezies dieser Art betrachtet. Bemerkenswert ist jedenfalls, daß die Formenaufspaltung beim Hausrotschwanz, einem echten Gebirgsrotschwanz, mit mindestens sieben Unterarten bei weitem am stärksten vorangeschritten ist. Im Vergleich dazu sind etwa die Gartenrotschwänze im riesigen, geschlossenen Hauptareal in der Norwestpaläarktis mit Ausnahme der Populationen Großbritanniens und der algerischen Bergwälder (!)

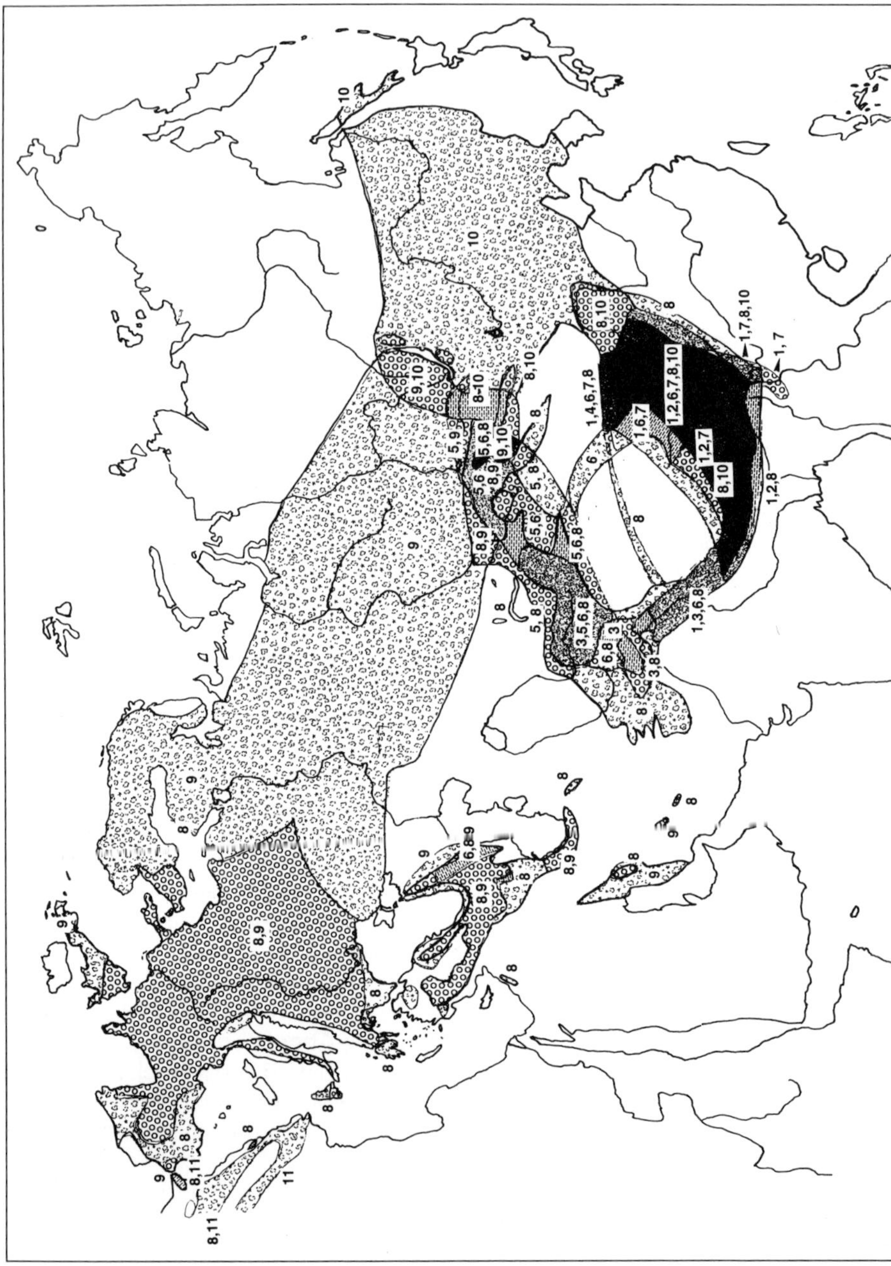

Abb. 1.1: Verbreitungszentren und Verbreitungsmuster der elf Rotschwanzarten (*Phoenicurus*). Die unterschiedlichen Schraffuren geben die Zahl sympatrischer Arten pro Gebiet an: schwarz: 6 Arten, dunkelgrau: 5 Arten, dicht gewölkt: 4 Arten, gestrichelt: 3 Arten, geringelt: 2 Arten, locker gewölkt: eine Art. Die Artnummern entsprechen der Auflistung in Tab.1, sind aber aus Gründen der Übersichtlichkeit nicht für jedes kleine Teilareal beigegeben. Das Sippenzentrum im östlichen zentralasiatischen Gebirgsraum ist klar erkennbar. Die teilweise gemeinsamen Vorkommen von Haus- und Diademrotschwanz im südlichen Marokko (Hoher-Atlas, Anti Atlas) sind nicht mehr dargestellt. A. Landmann, Original

---

relativ undifferenziert geblieben; lediglich im kleinasiatischen Gebirgsraum existiert eine gut abgrenzbare Unterart.

Schon dieser einfache Vergleich von Arealtypen und Arealgrößen innerhalb einer Vogelgruppe erlaubt uns also tiefere Einblicke in die „Werkzeugkiste“ der Evolution.

Die näheren phylogenetischen Beziehungen des Hausrotschwanzes zu den anderen in der Tab.1 aufgelisteten Rotschwanzarten der Gattung *Phoenicurus*[1] sind umstritten.

Schon Kleinschmidt (1908) hat die fünf auf „Hochasien“ beschränkten Formen (*Ph. alashanicus, Ph. erythronotus, Ph. schisticeps, Ph. caeruleocephalus, Ph. frontalis* -s. Tab.1) vor allem wegen etwas abweichender Färbungen der Männchenkleider als Untergruppe („asiatische Gebirgsrotschwänze“) den restlichen als „gewöhnliche Rotschwänze“ bezeichneten Arten (Tab.1) gegenübergestellt.

Museumszoologen, die dazu neigen, Körpermerkmalen starkes taxonomisches Gewicht beizumessen, haben die asiatischen Gebirgsrotschwänze sogar in mehrere verschiedene Gattungen aufgeteilt und von den „gewöhnlichen“ Rotschwänzen abgetrennt (Wolters 1980). Zumindest Blaukopf- und Sprosserrotschwanz sind aber auch nach vorläufigen Ergebnissen einer Cytochrom B Studie (Wittmann 1994) recht weit vom Hausrotschwanz entfernt. Studien am lebenden Objekt kommen da oft zu anderen Befunden und abweichenden Einschätzungen. Zum Beispiel haben russische Ornithologen die Ontogenese der Lautäußerungen von sechs Rot-

---

[1] Neben diesen Rotschwänzen im engeren Sinne leben im Himalaya (und weiter ostwärts bis nach Ostchina) noch drei weitere „Rotschwänze" (der Weißkappenrotschwanz *Chaimarrornis leucocephalus* - Abb.1.2, der Bachrotschwanz *Rhyacornis fuliginosus*, und der Weißbauchrotschwanz *Hodgsonius phoenicuroides*), die zweifellos nahe mit unserer Gruppe verwandt sind, und teilweise schon zur Gattung *Phoenicurus* gestellt wurden (Orenstein 1979), nach Morphologie, Verhalten und Biologie aber wohl besser in eigenen Gattungen verbleiben sollten (Desfayes 1969, Diesselhorst 1969, Sibley & Monroe 1990, Landmann & Winding 1995 und unveröff. eigene Beobachtungen).

Abb. 1.2: Der Weißkappenrotschwanz (*Chaimarrornis leucocephalus)* ist nahe mit den echten Rotschwänzen verwandt. In Teilen des Himalaya kommt er syntop mit dem Hausrotschwanz vor. Foto CH. BÖHM, Langtang-Nepal.

Abb. 1.3: Männchen des Himalayarotschwanzes (*Phoenicurus frontalis)* sind als einzige Rotschwänze oberseits prächtig blau gefärbt. Die Art ist im Himalaya in höheren Lagen häufig und ersetzt vielerorts den Hausrotschwanz. Der im Deutschen eingebürgerte Name „Alpenrotschwanz“ ist unglücklich gewählt und sollte durch Himalayarotschwanz ersetzt werden. Foto CH. BÖHM, Langtang-Nepal.

schwanzarten verglichen, darunter vier „gewöhnliche“ und zwei „Gebirgsrotschwänze“. Nach ihren Befunden (Beme & Beme 1986) gehört zwar der Blaukopfrotschwanz in eine andere Gruppe als Garten-, Haus- und Spiegelrotschwanz, nicht jedoch der Sprosserrotschwanz (der andere von ihnen untersuchte „Gebirgsrotschwanz“), während der zur Gruppe der „gewöhnlichen“ Rotschwänze gerechnete Riesenrotschwanz wiederum eine isoliertere Position einnimmt. Wir selbst (Landmann & Winding 1993) haben zudem den prächtigen Himalayarotschwanz (*Ph. frontalis*; Abb. 1.3), dessen Zuordnung zur Gattung wegen seiner abweichenden Gefiederfärbung in Zweifel gezogen wurde (Haffer in Glutz & Bauer 1988), ausführlich im Zentralhimalaya studiert. Nach Verhalten, Lautäußerung und Brutbiologie ist auch *Ph. frontalis* ein durchaus typischer Rotschwanz. Generische Umgruppierungen und Untergruppierungen innerhalb der Rotschwänze sind also vor einer umfassenden Merkmalsanalyse unter Zuhilfenahme moderner biochemischer Methoden recht spekulativ und sollten deshalb schon aus pragmatischen Gründen unterbleiben.

Trotz vieler Unsicherheiten über die näheren Verwandtschaftsbeziehungen innerhalb der Rotschwänze dürften zwei Rotschwanzarten unserem Hausrotschwanz besonders nahe stehen: Der tibetische Feldrotschwanz (*Ph. hodgsonius*) und unser Gartenrotschwanz (*Ph. phoenicurus*).

Beide Arten stimmen mit dem Hausrotschwanz (zumindest den „ursprünglicheren“ östlichen Rassen) nicht nur im Färbungsmuster weitgehend überein. Der tibetische Feldrotschwanz hat zudem als einzige andere Rotschwanzart neben dem Hausrotschwanz eine verzögerte Gefiederreifung (Kap.2.2) und offenbar auch ähnliche Lautäußerungen (Schäfer 1938).

Die enge Verwandschaft zwischen Haus- und Gartenrotschwanz (der wiederum mit dem Feldrotschwanz möglicherweise eine Superspezies bildet; Haffer in Glutz & Bauer 1988) läßt sich andererseits an den recht häufigen Hybridisierungen im Freiland (Übersicht z.B. in Landmann 1987a) und der problemlosen Kreuzbarkeit der beiden Arten in der Voliere (P. Berthold mündl.) ablesen. Nach den Untersuchungen von Ulrike Wittmann (1994, briefl.) unterscheiden sich die Basensequenzen mitochondrialer Cytochrom B-Gene bei Garten- und Hausrotschwanz um etwa 10 %. Setzt man eine Änderungsrate von etwa 2 % pro Million Jahre an, wie sie für verschiedenste Säuger und Vögel angenommen wird (z.B. Shields & Wilson 1987), würde das bedeuten, daß die beiden europäischen Rotschwänze seit etwa 5 Millionen Jahren von ihrer gemeinsamen zentralasiatischen Wurzel aus eigene evolutionäre Wege beschritten haben. So kann man z.B. spekulieren, daß das spätere Vordringen des Gartenrotschwanzes in die Waldzone der Nordwestpaläarktis mit dem trockenheitsbedingten, spätpleistozänen Waldschwund in Zentralasien (Nasarenko 1985, 1988) zusammenhängt. Möglicherweise hat erst die neuzeitliche Arealausweitung des Hausrotschwanzes gegen Norden (Kap. 3.2) die beiden Verwandten wieder häufiger in engen Kontakt gebracht und damit u.a. auch die Chancen für Freilandbastardierungen erhöht (LANDMANN 1987a).

1.4 Variationen in Farbe und Gestalt

Die Rotschwänze gehören zweifellos mit zu den buntesten und am auffälligsten gezeichneten Drosselvögeln (Abb. 1.2-1.5, 2.1-2.2). Vor allem die Farben Rot, Schwarz und Weiß sind effektvoll gemischt. Beim Blaukopfrotschwanz, besonders aber beim Himalayarotschwanz und den nahe verwandten Gattungen *Rhyacornis* und *Hodgsonius,* steigern sich das Grau bzw. Schwarz vor allem am Scheitel und Rücken in Blautönungen bis hin zu einem strahlenden Stahlblau. Ein durchgehendes, namengebendes Merkmal der Gruppe ist die zumindest im Basalteil rost- bis rotbraune Färbung der Schwanzfedern, die nur beim Männchen des Blaukopfrotschwanzes einheitlich schwarz sind. Besonders auffällig: so gut wie bei allen Rotschwänzen sind die mittleren Steuerfedern dunkelrotbraun bis schwärzlich gefärbt und zusätzlich häufig die Endsäume und körperfernen Außensäume auch der übrigen Schwanzfedern dunkler pigmentiert. Diese auch bei anderen Erdsängern, etwa der Gattung *Tarsiger* und *Oenanthe,* häufig auftretende kräftigere Pigmentierung der am meisten exponierten Teile des Schwanzes, ist schon von KLEINSCHMIDT (1908) als Pigmentschutz interpretiert worden, denn allgemein nützen sich hellere Federteile stärker und schneller ab als dunkel pigmentierte. Die Neigung zur Federabrasion wird offenbar auch durch starke UV-Strahlung erhöht (BEZZEL & PRINZINGER 1990), so daß gerade bei Gebirgsvögeln ein Selektionsdruck auf stärkere Pigmentierung exponierter Federteile durchaus sinnvoll erscheint. Auch die Flügelfedern der Rotschwänze sind dunkelbraun bis schwarz, sieht man von den bei den Männchen der meisten Arten ausgebildeten weißen Flügelspiegeln ab (Abb.1.4), denen erhebliche Signalfunktion zukommen dürfte.

Rotschwänze sind in ihrem Körperbau durchaus typische Erdsänger. Die Arten der Gattung zeigen aber gegenüber den Gebüschschmätzern stärkere Flügelbetonung und geringere Beinbetonung. Das mag damit zusammenhängen, daß die Rotschwänze beim Beuterwerb häufiger flugaktiv sind, z.B. wenn Bodeninsekten im Sturzflug von Warten aus erhascht oder Insekten in kurzen Schnappflügen in der Luft erbeutet werden.

Dazu passen auch die bei den meisten Rotschwänzen relativ gut ausgebildeten Vibrissen (Schnabelborsten), die allgemein als Anpassung an die Jagd auf Fluginsekten angesehen werden (LEDERER 1972, LANDMANN & WINDING 1993).

Die einzelnen Rotschwänze variieren nicht nur erheblich in ihrer Körpermasse, sondern sind auch unterschiedlich proportioniert, vor allem im Bewegungsapparat (Flügel, Beine, Schwanz; Tab.1). Sieht man solche Daten im Zusammenhang mit der Lebensweise und den Lebensräumen der einzelnen Arten, dann gewinnen die nüchtern wirkenden Körpermaße, die in Vogelhandbüchern und Museumskatalogen aufgelistet sind, an Bedeutung und Interesse.

Gerade die extremen Bedingungen von Hochgebirgslebensräumen üben einen starken Selektionsdruck auf die Morphologie aus. Das kann soweit gehen, daß selbst nicht näher miteinander verwandte Arten Konvergenzen in Körperbau aufweisen, wie wir bei Untersuchungen an Himalayavögeln feststellen konnten (Landmann & Winding 1995).

Aus dem Studium der Variation der Körperproportionen der Rotschwänze (Tab.1) können wir also interessante Rückschlüsse ziehen, die auch für das Verständnis der Ökologie des Hausrotschwanzes hilfreich sind. Bei der Interpretation der Daten ist allerdings Vorsicht angebracht, da die Stichproben unterschiedlich groß und gerade bei manchen asiatischen Arten die Daten wohl nicht exakt genug sind.

Der Hausrotschwanz ist jedenfalls ein besonders langflügeliger, hochbeiniger und relativ kurzschwänziger Rotschwanz. Lange, gestreckte Flügel werden allgemein als Zuganpassung angesehen (z.B. Leisler &Winkler 1991). Ein langer, an der Basis breiter Flügel, der guten Auftrieb und geringe Flächenbelastung gewährleistet, ist aber auch in offenen, windreichen, kargen Gebirgslandschaften günstig, wo Manövrierfähigkeit gefordert wird und oft weite Nahrungssuchflüge nötig sind. Die eigentlichen Hochgebirgsrotschwänze, wie der Riesenrotschwanz und der Himalayarotschwanz, haben dementsprechend besonders lange, großflächige Flügel. Auch der Hausrotschwanz ist diesbezüglich als Vogel offener Gebirgslandschaften anzusehen; sein relativ spitzer Flügel zeigt aber auch gewisse Zuganpassungen. Der Gartenrotschwanz - obwohl ein Langstreckenzieher - hat kürzere, aber dafür deutlich spitzere Flügel als sein naher Verwandter. Demgegenüber sind die Flügel der kaum ziehenden Rotschwänze, die bevorzugt tiefer gelegene Gebüsch- und Waldrandbiotope besiedeln (Tab.1), relativ kurz und rund. Tendenziell haben diese Arten auch kürzere Beine (aber längere Zehen !) und teilweise längere Schwänze. Die langen, schlanken Beine des Hausrotschwanzes sind hingegen als Anpassung an das Rennen und Hüpfen in vegetationsarmem, unebenem Gelände anzusehen (Kap 4.1, Abb.4.3).

So zeigt schon der Körperbau, daß der Hausrotschwanz sich im Gebirgsgelände entwickelt hat und primär an Offenhabitate angepaßt ist. Trotz seiner erheblichen ökologischen Plastizität, die den Hausrotschwanz zum wohl vielseitigsten in den unterschiedlichsten Lebensräumen und Landschaften lebensfähigen Rotschwanz macht, sind diese Wurzeln noch vielfach bemerkbar.

Abb. 1.4: Ein mehrjähriges Hausrotschwanz-Männchen mit weißem Flügelspiegel. Foto P. BUCHNER.

Abb. 1.5: Ein Hausrotschwanz-Weibchen im Herbst (September, Lobau bei Wien). Foto A. THALER.

2 Hausrotschwänze: Kennzeichen und Vielfalt

2.1 Begegnungen

23. Juni 1988: Thorong-Chu Tal, östliches Muktinath Becken, Nepal (29° N, 84° E).
Auf einem Felskopf in einem fast vegetationsfreien Schuttkegel an den trokkenen Südhängen unterhalb des 5480 m hohen Thorong La Passes singt bei 4300 m ein auffällig gezeichneter Vogel: Die tiefschwarzen Kopf-, Nakken-, Rücken-, Flügel-, Kehl- und Brustpartien heben sich kontrastreich vom kräftig rotbraun gefärbten Bauch und dem rostorangefarbenen Schwanz ab. Der Gesang besteht aus etwa 3 s langen Strophen und ist auffallend stereotyp. Eine einleitende, sehr schnell vorgetragene Trillerphrase wird am Schluß des Liedes fast identisch wiederholt. Triller -und Endschnörkel ähneln etwas dem Buchfinkengesang; nur die dazwischenliegende, etwa 1 s dauernde gezischte Phrase (Scheuer-, Reibelaut) erinnert stark an den aus der Heimat vertrauten Hausrotschwanzgesang.

15. Mai 1986: Göteburg, Südschweden (58° N, 12° E).
Hoch auf der Spitze eines Lastenkrans im Hafen von Göteburg, an der Mündung des Göta älv in den Kattegat, singt ein unscheinbarer einfärbig braungrauer Vogel. Nur die Schwanzdecken und Schwanzfedern sind stumpf rostbraun. Die dreigeteilten Gesangsstrophen enthalten wieder den markanten geräuschhaften Mittelteil, der Anfangstriller wird aber langsamer vorgetragen und unterscheidet sich in der Klangfarbe deutlich vom abschließenden Strophenteil, der manchmal von Strophe zu Strophe variiert und öfters auch ganz weggelassen wird.

31. März 1986: Rinn oberhalb von Innsbruck, Tirol (47° 15´N, 11° 30´E).
Auf der Spitze eines Birnbaums im bäuerlichen Dorfkern des Mittelgebirgsdorfes Rinn (915 m NN) singt ausdauernd ein oberseits dunkel schiefergrauer, an Stirn, Wangen, Kinn und Brust schwarzer, hell graubäuchiger Vogel. Die weißen Flügelspiegel und die kräftig rostorangefarbenen Ober-

schwanzdecken und Schwanzfedern kontrastieren auffällig zum dunklen Gefieder. Der Reviergesang entspricht dem Vogel aus Göteburg, er wird aber fast immer vollständig vorgetragen.

Diese drei Begegnungen mit revierhaltenden Männchen des Hausrotschwanzes (einem ausgefärbten Männchen der Rasse *rufiventris*, sowie je einem einjährigen und mehrjährigen Männchen der Rasse *gibraltarensis*), deuten nicht nur die Vielfalt der Erscheinungsformen des Hausrotschwanzes an, sondern enthalten auch erste Hinweise auf Variationen im Habitat, im Zeitpunkt der Revierbesetzung und in der Gesangsausbildung, in Abhängigkeit z.B. von Verbreitungsgebiet, Höhenlage, Alter und Stimmung der Vögel.

2.2 Rassen - Geschlechter - Kleider - Morphen: geographische, saisonale und individuelle Muster

Im riesigen Areal von Portugal bis Westchina (Abb. 1.1., 3.1) ändert sich das Aussehen der Hausrotschwanz-Männchen relativ stark (Abb. 2.1), während die Weibchen nur geringfügig in der Intensität der Grau- bzw. Brauntönungen (im Westen kräftiger als im Osten) variieren. Die Populationen Europas und Nordwestafrikas unterscheiden sich vor allem im Bauchgefieder, aber auch in der Ausdehnung und Intensität des Flügelspiegels deutlich von den kleinasiatisch-asiatischen Subspezies (Tab.3). Während die westlichen Rassen (*gibraltarensis*-Gruppe) graue bis hellgraue Bauch- und zudem dunkle Achselfärbung haben, erinnern die östlichen Formen (*phoenicuroides*-Gruppe) mit ihren je nach Rasse unterschiedlich kräftig rotbraun gefärbten Bäuchen und Achselfedern teils recht stark an Gartenrotschwanze (Abb. 2.1). Die den trockensten, halbwüstenartigen Teil der zentralasiatischen Hochgebirge bewohnende Rasse *xerophilus* ist durch Verblassung vor allem der rötlichen Unterseitenfarben ausgezeichnet (Stegmann 1928), ein Phänomen, das generell bei vielen Wüstenvögeln auftritt (Glogersche Regel). Besonders variabel sind die Färbungsmuster der kleinasiatischen Nominatrasse *Ph. o. ochruros*. Von Westen und Nordwesten (Zentral- und Osttürkei, Kaukasus) nach Osten (Ostiran) wandelt sich fließend das Aussehen von mehr *gibraltarensis*-artigen, oberseits rußschwarzen Individuen, zu gartenrotschwanzartigen, oberseits stärker aschgrauen und unterseits zunehmend rotbraunen Formen, die bereits starke Ähnlichkeiten mit der mittel- und zentralasiatischen Rasse *Ph. o. phoenicuroides* aufweisen. Diese gleitenden Übergänge und das intermediäre Erscheinungsbild vieler Männchen in der Türkei zeigen deutlich, daß Genaustausch zwischen den West- und Ostrassen stattfindet. Möglicherweise hat es aber im Laufe der Ausbreitung des Hausrotschwanzes in die zersplitterten Gebirgszüge Europas längere Phasen der Isolation gegeben, die u.a. den völligen Verlust von roten Bäuchen bei den „moderneren“ westlichen Formen erklärt (s. auch VAURIE 1959).

Weitere Unterschiede im Aussehen und Details der Körpermaße der einzelnen Rassen des Hausrotschwanzes finden sich bei KLEINSCHMIDT 1907/1908, STEGMANN 1928, GLUTZ & BAUER 1988 und CRAMP 1988, sie werden daher hier nur grob zusammengefaßt (Tab.2).

Tab.2: Die sieben Unterarten des Hausrotschwanzes (*Phoenicurus ochruros*). Aussehen: Kopf & Oberseite (O): s = vor allem schwarz-schwärzlich, g = vor allem ruß-aschgrau; Unterseite, Bauch (U): r = kräftig rotbraun; b = blaßrötlich, g = grau; F0-3 = Flügelspiegel adulter Männchen fehlend, unauffällig, auffällig, ausgedehnt. Relative Größenverhältnisse (+-+++ klein bis groß; grob abgeschätzt) und Flügellängen (ad Männchen). Nach Angaben in CRAMP 1988, STEGMANN 1928, ECK briefl., u.a. Quellen. Die Abgrenzung von *Ph. o. aterrimus* von *Ph. o. gibraltarensis* und von *Ph. o. xerophilus* von *Ph. rufiventris* ist unklar und zweifelhaft.

Rasse	**Vorkommen**	**Aussehen**	**Größe**	**Flügel (mm)**
rufiventris	China, Tibet, Zentral bis Ost-Himalaya	Os, Ur, F0	+++	88.2 (84-93)
xerophilus	Sinkiang, Tsinghai (Astin Tagh, Nan Shan)	Og, Ub, F0	+++	?(87-91)
phoenicuroides	W-Himalaya, Zentralasien	Og, Ur, F0	+	82.8 (80-86)
semirufus	Levante	Os, Ur, F1	+	< 85
ochruros	Kleinasien	Og-s, Ur-b, F1-2	+	84.4 (80-87)
gibraltarensis	Europa, NW-Afrika	Og-s,Ug, F2-3	++	87.6 (85-91)
aterrimus	Portugal, Z - Süd-Spanien	Os, Ug, F3	+++?	89.0 (86-94)

Der Hausrotschwanz ist geschlechtsdimorph. Die Weibchen sind unscheinbar und bis auf die rostbraunen Oberschwanzdecken und Schwanzfedern vor allem oberseits einheitlich graubraun gezeichnet, nur Mittel- und Unterbauch sind heller verwaschen grauweiß (Abb. 2.2).

Das Jugendkleid entspricht weitgehend dem Weibchenkleid, ist jedoch vor allem auf der Unterseite scheckiger und stärker gewölkt. Nach der Jugendmauser (Kap.9.2.) sind junge Weibchen und die meisten jungen Männchen nur in der Hand (unter anderem am Ausmaß dunkler Flecken an den Außenfahnen und Schäften der Schwanzfedern) sicher von alten Weibchen zu unterscheiden. Braune einjährige Männchen können in der Brutsaison überdies durch die stärker vorstehende und anders gestaltete Kloake unterschieden werden (ANDERSSON 1991).

Abb. 2.1: Legende S. 26

Abb. 2.2: Legende S. 26

Besonders bei sexuell dichromatischen Singvögeln unterscheiden sich einjährige in ihrer Gefiederzeichnung öfters von mehrjährigen Männchen und ähneln mehr oder weniger stark den Weibchen. Dieses aus evolutionärer Sicht hochinteressante Phänomen (Kap.6), wird als verzögerte Gefiederreifung (delayed plumage maturation) bezeichnet. Über den Anpassungswert und die Selektionsmechanismen, die das Ausfärben der Gefieder verzögern, gibt es inzwischen eine Fülle von Hypothesen und Untersuchungen (Übersicht z.B. in LANDMANN & KOLLINSKY 1995). Besonders gut untersucht ist das Phänomen in Nordamerika, wo 35 von 103 stark geschlechtsdimorphen Arten verzögerte Gefiederreifung zeigen (ROHWER et al. 1980). Auch innerhalb der europäischen Vogelwelt ähneln bei einer Reihe von Singvogelarten (z.B. beim Zwergschnäpper, Karmingimpel oder den Kreuzschnäbeln) junge Männchen den alten Weibchen. Der Hausrotschwanz ist ein interessanter Sonderfall, da einjährige Männchen sowohl weibchenfärbige Kleider (Hemmungskleid bzw. *cairei*-Morphe) als auch Fortschrittskleider (*paradoxus*-Morphe), die den adulten Männchen ähneln, tragen können. Während die jungen Männchen der *cairei*-Morphe ab dem Zeitpunkt der Jugendmauser im Spätsommer bis Herbst ihres Geburtsjahres, also bis zum Ende ihrer ersten Fortpflanzungssaison im Feld nicht sicher am Gefieder von Weibchen zu unterscheiden sind, fehlen den jungen *paradoxus*-Männchen vor allem die weißen Flügelspiegel und die dunklen, schwärzlichen Flügelfedern der Mehrjährigen (Abb. 2.2). Das Häufigkeitsverhältnis der beiden Jugendkleidmorphen in Populationen des Hausrotschwanzes schwankt von Gebiet zu Gebiet. Insgesamt ist aber die *cairei*-Morphe deutlich häufiger, und der Anteil der *paradoxus*-Morphe scheint bei größerer Stichprobe kaum einmal 15 % zu übersteigen (Tab. 3).

Legenden zu den Abb. auf Seite 24/25

Abb. 2.1: Die Männchen des Hausrotschwanzes ändern ihr Aussehen von Europa über Kleinasien bis Zentralasien. Abgebildet sind vier „Hauptformen“ und z.T. regionale Variationen: 1 = *Ph. ochruros gibraltarensis*, 2 = *Ph. o. ochrurus* (dunkle Kaukasusform), 3 = *Ph. o. phoenicuroides* (z.T. Übergangsformen zu *Ph. o. ochruros*), 4 = *Ph. o. rufiventris* aus Ostasien (in Indien v.a. Wintergast). Mit abgebildet (Nr.5) ist der Feldrotschwanz (*Ph. hodgsoni*), der in Tibet den Gartenrotschwanz vertritt und mit dem Hausrotschwanz nahe verwandt ist. Aus KLEINSCHMIDT (1907/1908).

Abb. 2.2: Die Kleider des Hausrotschwanzes (*Ph. o. gibraltarensis*). Das Aussehen ändert sich nicht nur durch die Mauser, sondern auch durch Gefiederabnutzung. Das graue Jugendkleid der Männchen entspricht weitgehend dem Gefieder junger und adulter Weibchen. Aus KLEINSCHMIDT (1907/1908).

Tab.3: Gefiederpolymorphismus bei einjährigen Hausrotschwanz-Männchen. Anteile der beiden Morphen in (Brut)populationen verschiedener Gebiete Mitteleuropas. Der Anteil von paradoxus-Morphen am Herbstzug im Schweizer Jura ist nur grob abschätzbar, da nicht sicher zwischen Weibchen und cairei-Männchen unterschieden wurde.

Gebiet	**Zeitraum**	***Cairei*** n (%)	***Paradoxus*** n (%)	**Quelle**
Schweiz (Herbstzug)	1969-1973	~410 (~85)	73 (~15)	BIBER 1978
Tirol- um Innsbruck	1982-1991	228 (92.7)	18 (7.3)	LANDMANN unveröff.
Tirol - Sellraintal	1990	37 (88.0)	5 (12.0)	KOLLINSKY & LANDMANN 1996
Waldviertel - NÖ	1986	27 (64.3)	15 (35.7)	SACKL & RAUER 1987
Magdeburg	1978-1984	189 (92.6)	15 (7.4)	NICOLAI 1992 & briefl.
Halberstadt	1982-1994	329 (84.1)	62 (15.9)	NICOLAI 1992 & briefl.
Raum Hagenow	1982-1984	49 (86.0)	8 (14.0)	NICOLAI 1992
Göttingen	1989	36(69.2)	16 (30.8)	VOWINKL briefl.
Bielefeld	1989	7 (87.5)	1 (12.5)	DEUTSCH 1989
Paderborner Hochfl.	1990,1992	24 (82.8)	5 (17.2)	HÄRTEL 1994

Aberrante und ansatzweise intermediäre Gefiederzeichnungen junger Männchen wurden zwar mehrfach mitgeteilt, sind aber offenbar Ausnahmen (BIBER 1978, GLUTZ & BAUER 1988, NICOLAI 1992, JENNI & WINKLER 1994). Bei der Schilderung von Federkleidern ist aber zu berücksichtigen, daß neben der Mauser (Kap. 9.2) auch gerichtete Abnützungserscheinungen zu Änderungen und Variationen im Erscheinungsbild des Vogels führen. Derartige Phänomene sind nicht nur für den Feldornithologen wichtig und auffällig, sondern es ist denkbar, daß sie auch Bedeutung für die innerartliche Kommunikation haben. Vorstellbar ist z.B., daß auch beim Hausrotschwanz, wie bei einer Reihe anderer Vogelarten (z.B. SUNDBERG & LARSSON 1994), die Intensität der Färbungen für die Weibchen ein wichtiger Indikator für die Qualität der Männchen ist (Kap. 6.4).

Wie die sorgfältige Darstellung von OTTO KLEINSCHMIDT in Abb. 2.2 zeigt, wirken sowohl mehrjährige- als auch *paradoxus*-Männchen im Frühjahr, also zur Zeit der Revierabgrenzung und Anpaarung, kontrastreicher als im Herbst, wenn die schwarzen Federn nach der Mauser teilweise noch durch bräunlich-graue Säume verdeckt sind. Bei alten Männchen ist der weiße Flügelspiegel, dem sicher erhebliche Signalwirkung zukommt, im Frühling meist immer noch auffällig, wird aber bis in den Sommer durch Abreibung der weißen Säume der Armschwingen mitunter sehr unauffällig oder kann sogar ganz verschwinden.

2.3 Bastardierungen: Zufall oder Motor der Evolution?

Hybriden zwischen Garten- und Hausrotschwanz wurden gerade in den letzten Jahren mehrfach beschrieben (Übersicht in LANDMANN 1987a, siehe auch BLATTNER & KESTENHOLZ 1993). Typisch für männliche Hybridvögel scheinen u.a. schwarze Brust-, aber rötliche Bauchfärbung, helle Stirn- bzw. Scheitelflecken, orangefarbene Achselfedern und weiße Bauchflecken zu sein. Auch die Jugendkleider einer Hybridbrut in Tirol waren teils intermediär (LANDMANN 1987a), ähnelten insgesamt aber eher dem Hausrotschwanz (Abb. 7.14). Hybriden zwischen Garten- und Hausrotschwanz sind offenbar fertil und lassen sich in Gefangenschaft ohne weiteres rückkreuzen (P. BERTHOLD mündl.).

Hybridisierungen, die wahrscheinlich bei mindestens 10 % der Vogelarten und häufiger als bisher angenommen vorkommen (GRANT & GRANT 1992, PIEROTTI & ANNETT 1993), sind nicht nur ein Hinweis auf verwandtschaftliche Bande zwischen zwei Arten, sondern haben neuerdings auch aus allgemein evolutionsbiologischen Erwägungen wieder erhebliches Interesse auf sich gezogen. Hybriden können unter bestimmten Umständen bessere Überlebens- und Fortpflanzungschancen haben, und Bastardisierungen sind möglicherweise ein wichtiger Motor für die erfolgreiche Besiedlung neuer Lebensräume (Kap.8.1), oder für die Entwicklung neuer Strategien in einer sich rasch wandelnden Umwelt (ARNOLD 1992, BULLINI 1994).

2.4 Lautäußerungen

2.4.1 Gesänge: Einpassungen, Arterkennung, geographische Variabilität

„... alle kennen sie, wofern ihr Ohr für dergleichen nicht taub ist, den Zauber der sonst so unbedeutenden Vogelstimme, die das Halbdunkel durchzitternd das Nahen des ersten Tagesschimmers ankündigt. ... Wer den Hausrotschwanz ... singen hört, wird oft lediglich den Eindruck haben, als wäre die Kehle für das Lied zu eng und als würde dieses abgebrochen, ehe es recht herauskommt. ... welche Naturumgebung längst vergangener Zeit, welches nahe oder ferne Land diesem Vogel und seiner Stimme den eigenartigen Charakter verliehen haben mag?“

Mit derart unnachahmlicher Prosa trifft OTTO KLEINSCHMIDT (1907/08) nicht nur exakt den Charakter des Hausrotschwanz-Gesanges, sondern spekuliert bereits am Beginn des Jahrhunderts über Beziehungen zwischen Stimmstruktur und Lebensraum.

Der Reviergesang des Hausrotschwanzes (Abb. 2.3) ist weder besonders laut, noch besonders melodiös und insgesamt wenig abwechslungsreich. Trotzdem sind die mühsam gepreßten Triller und die geräuschhaften Zisch- und Reibelaute offenbar hervorragend in das Klang-Umweltmilieu (Melotop) des Hausrotschwanzes eingepaßt und auch für das menschliche Ohr selbst bei widrigen Rahmenbedingungen über beträchtliche Entfernungen gut wahrnehmbar.

Sowohl in gebirgigen Primärhabitaten, als auch in menschlichen Siedlungen behindern kontinuierliche Hintergrundgeräusche, vor allem Wind bzw. Verkehrslärm die akustische Informationsvermittlung. Andererseits beeinflussen in beiden Lebensräumen mit Felswänden oder felsartigen Gebäuden spezifische Strukturen die Schallausbreitung durch Reflexion und Echowirkungen.

Für den Gesang des Hausrotschwanzes sind relativ schmaler Frequenzumfang der Strophen und längere Pausen zwischen Einzelelementen, vor allem zwischen dem ersten und zweiten Strophenteil, charakteristisch. Besonders typisch ist der wenig strukturierte, mehr als Geräusch (=Spirant) denn als Ton zu wertende Zentralteil.

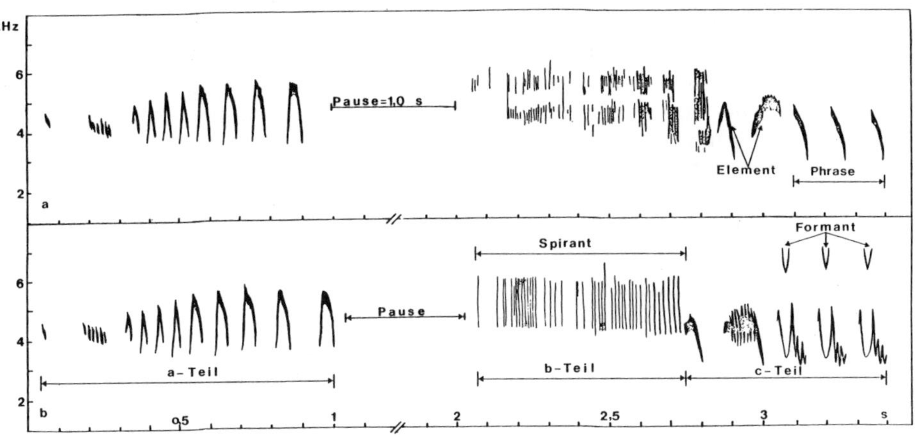

Abb. 2.3: Gesangsstrophen und Strophenaufbau des Hausrotschwanzes. Abgebildet sind zwei verschiedene Strophentypen eines Männchens aus dem Hunsrück. Die a-Teile beider Strophen sind identisch, Variationen kommen v.a. im c-Teil vor. Aus Klein 1981.

Geräuschhafte Signale, die auf einem schmalen Frequenzband liegen und durch Pausen unterbrochen sind, kommen (allerdings wesentlich auffälliger) besonders bei Arten vor, die an rauschenden Bergbächen leben (Dubois & Martens 1984). Zumindest einzelne Strukturen des Hausrotschwanz-Gesanges könnten daher durchaus auch als Anpassung an die akustischen Rahmenbedingungen des Lebensraumes gedeutet werden.

Abb. 2.3 zeigt zwei typische Gesangsstrophen mit der charakteristischen Dreiteilung in a, b, c- Teil. Auffällig sind sowohl im einleitenden als auch im abschließenden Strophenteil ein oder mehrere abgesetzte Initialelemente auf schmalem Frequenzband und die geringe Lautstärke des sonst so auffälligen Reibegeräusches (Spirant). Ute Weyand und Ernst-Ludwig Klein aus der Arbeitsgruppe des Mainzer Bioakustikers und Asienforschers Jochen Martens haben festgestellt, daß geographische sowie inter- und intraindividuelle Variationen im Gesang des Hausrotschwanzes vor allem im Schlußteil (c-Teil) auftreten, und daß daher als artkennzeichnende Parameter vor allem der relativ konstante Aufbau des a-Teils wichtig ist (Klein 1981, Weyand 1982).

Im Lauf der Westausbreitung aus dem zentralasiatischen Ursprungsgebiet haben sich beim Hausrotschwanz, wie auch beim Gartenrotschwanz, Veränderungen im Reviergesang und in den Erregungsrufen ergeben (Klein 1981, Wallschläger 1992). So klingen bei den zentralasiatischen Rassen (*Ph. o. phoenicuroides, Ph. o. rufiventris*) die Gesänge wesentlich stereotyper als bei den europäischen und kleinasiatischen Formen (*Ph. o. ochruros, Ph. o. gibraltarensis*), weil bei den „Asiaten“ die a- und c-Teile aus identischen Elementen bestehen (Klein 1981). Das Studium derartiger Merkmalsverschiebungen ist von erheblichem evolutionsbiologischem Interesse. Lautäußerungen sind grundsätzlich ein wichtiger Isolationsmechanismus, und das Ausmaß der Unterschiede zwischen geographisch getrennten Populationen kann wichtige Rückschlüsse auf die Vergangenheit der Unterarten und das Stadium der Artaufspaltung zwischen Subspezies geben, wie dies z.B. deutsche Bioakustiker sehr klar am Zilpzalp gezeigt haben (Thielcke et al. 1978, Martens 1982).

Beim Hausrotschwanz deuten aber Gesangsanalysen und Klangattrappenversuche an, daß die Artaufspaltung noch nicht weit vorangeschritten ist. Im Grundaufbau sind alle Hausrotschwanz-Gesänge sehr ähnlich, und europäische Hausrotschwänze erkennen durchaus Klangattrappen von asiatischen Gesängen als arteigen (Weyand 1982). Im Gegensatz zu der recht starken optischen Differenzierung haben die Unterarten des Hausrotschwanzes also ihren arteigenen Gesang stärker stabilisiert, und es ist möglich, daß diese Stabilität einer weiteren Aufspaltung entgegenwirkt (Thielcke 1974).

2.4.2 Gesanglernen und individuelle Variation

Die meisten Männchen verfügen über zwei Strophentypen (Abb. 2.3), wobei vor allem der Schlußteil variiert. Durch gelegentliche Umstellungen von Elementen innerhalb der Strophenteile oder auch durch Weglassen von Strophenteilen (b und/oder c Teile), kann die Variabilität noch vergrößert werden. Nach eigenen Beobachtungen werden unvollständige Strophen besonders oft von einjährigen, unverpaarten Revierbesitzern gesungen, und der Anteil unvollständiger Gesangsstrophen nimmt im Lauf der Saison deutlich zu. Das Verhältnis vollständiger zu unvollständiger Strophen betrug nach Aufzeichnungen von HARALD HÖRMANN in Tirol im April und Mai 3.3 : 1 bzw. 3.1 : 1 (n = 1516 bzw. 3041), im Juni und Juli aber 0.75 : 1 bzw. 0.2 : 1 (n = 548 bzw. 90).

Imitationen anderer Vogelstimmen, die beim Gartenrotschwanz so häufig sind, treten beim Hausrotschwanz viel seltener auf, wenngleich in der Literatur Ansätze zur Imitation von über 20 Vogelarten beschrieben sind (GLUTZ & BAUER 1988, STRACHE 1988). Auch regionale Gesangsdialekte sind offenbar nur schwach ausgeprägt, kommen aber durchaus vor und sind auch bei asiatischen Hausrotschwänzen schon beschrieben worden, z.B. der in Kap. 2.1 geschilderte buchfinkenartige Muktinath Dialekt (WEYAND 1981, s. auch POTAPOV zit. CRAMP 1988).

BERND NICOLAI (1992d) hat in Halberstadt die Ausbreitung einer lokalen Dialektform über die Jahre verfolgt und dabei interessante Informationen über Gesangstradierung und das Gesanglernen beim Hausrotschwanz gesammelt. Demnach lernen junge Hausrotschwänze Gesangsvariationen (Dialekte) nach dem Verlassen des Geburtsreviers im Alter von 80-120 Tagen. Vorbilder sind ausgewählte Altvögel, deren Gesangseigenheiten während der Herbstgesangsphase beobachtet und kopiert werden. Das arteigene Grundmuster des Gesangs dürfte aber wohl bereits im Nest durch Lernen am (väterlichen) Vorbild erworben werden, soweit es nicht überhaupt angeboren ist.

2.4.3 Rufe

Am auffälligsten und häufigsten zu hören sind zwei Kontakt- bzw. Erregungs-/Alarmrufe, die meistens kombiniert, öfters aber auch einzeln geäußert werden. Einem kurzen, nach oben gezogenen „huid“, „fit“ oder „sit“, folgt ein schnalzendes „tk-tk“, „tuc-tuc“ oder „chuc-chuc“ (Abb. 2.4.A).Vor allem das Schnalzen ist deutlich aggressiv getönt. Die Alarmrufe werden besonders schnell gereiht, wenn Bodenfeinde (z.B. Katzen), sich flüggen, unselbständigen Jungen oder dem Nest nähern. Ein schnarrendes, gereihtes „kr-kr-kr-kr“ oder „tr-tr-tr“ bzw. „tre-tre-tre-tre“ (Abb. 2.4B) ist häufig in der Anpaa-

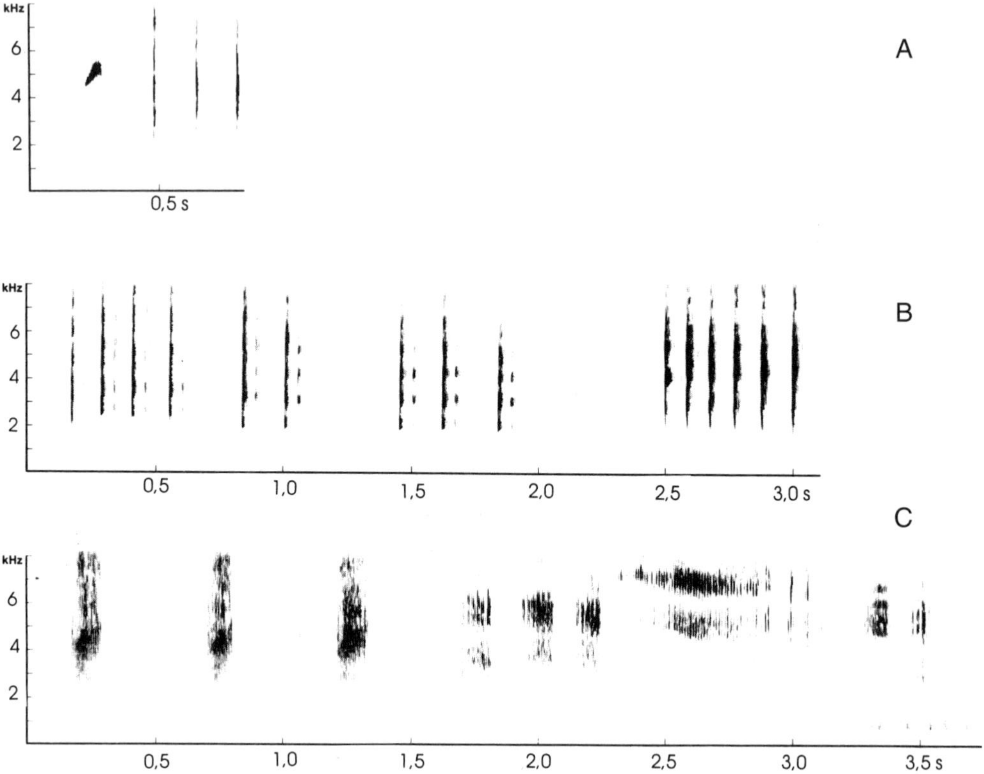

Abb. 2.4: Rufe des Hausrotschwanzes. A: Alarm-/Warnruf („fid tk“); B: schnarrende Aggressions- bzw. Erregungsrufe („tr-tr“ bzw. „tre-tre“); C: Bettelschnarren älterer Jungvögel. Sonagramme E. Tretzel aus Glutz & Bauer 1988.

rungsphase, vor allem während Verfolgungsjagden („pair chasing“) vom Männchen zu hören. Jungvögel im Nest sind in den ersten 3-4 Tagen unauffällig und melden sich mit feinen, leisen „tsitt tsitt“ Rufen; Nester sind später aber leicht zu finden, da ältere Jungvögel an den geräuschhaften, rätschenden Bettelrufen (Abb. 2.4C) schon aus größerer Distanz lokalisiert werden können.

3 Biogeographie

3.1 Gesamtverbreitung und Rassengliederung

Vom vermutlichen Evolutionszentrum der Rotschwänze im östlichen zentralasiatischen Gebirgsraum (Abb.1.1) aus, hat sich der Hausrotschwanz als einzige *Phoenicurus* - Art praktisch über sämtliche mittelasiatische und südwestpaläarktische Gebirge, bis hin zu den Iberischen und Nordwestafrikanischen Gebirgen ausgebreitet (Abb.3.1).

Die Ostgrenze des Brutgebietes wird von der Rasse *rufiventris* besiedelt und läuft in Westchina vom Oberlauf des Yang Tse Kiang im Bergland Nord-Yunnans, über Zentral Szechwan und die Quin Ling Berge Schensis, bis in den oberen Houang Ho Bogen (bis etwa 111° E) in den Lülian Shan in West-Shansi. Die Nordostgrenze (Rasse *phoenicuroides*) in der Mongolei (Khangai, Gurwan-Sajchan Gebirge) und im angrenzenden Süden Rußlands (Sajan-, Tannu Ola-, Sangilen-Gebirge) ist durch die nördlichen zentralasiatischen Gebirgszüge geprägt und dürfte in der Quellregion des Jennissej im westlichen Sajan bei etwa 52° N liegen. Auch weiter nach Westen wird der Nordrand des Brutareals überwiegend von den Gebirgsausläufern und Vorbergen der zentral- und mittelasiatischen Hochgebirge (Altai, Tarba Gatai, Tienshan, Pamir, Hindukusch) gebildet. Die Tiefländer und Steppen-Halbwüsten Turkmeniens und Usbekistans unterbrechen das geschlossene Areal des Hausrotschwanzes, das erst im Kobet Dhag, Elburs und Kaukasus wieder Anschluß an die jungen westpaläarktischen und europäischen Faltengebirge bekommt. Auch am Südrand des Brutareals, das im Osten von den Bergen Nordburmas und Westchinas (bis etwa 27° S) entlang der Südabdachung des Himalaya bis in den Hindukusch weitgehend geschlossen ist, klafft zwischen dem Bergland Afghanistans und den kleinasiatischen Gebirgen eine Verbreitungslücke (Abb.1.1 und 3.1). In den trockenen Hochländern des Iran fehlt der Hausrotschwanz weitgehend, sieht man von kleinen Verbreitungsinseln im Südiran (Zagros-, Kerman- und Taftangebirge) ab, wo der Hausrotschwanz offenbar ausschließlich hochalpin zwischen 2700 und 4200m vorkommt (Desfayes & Praz 1978). Auch im Mittelmeerraum ist

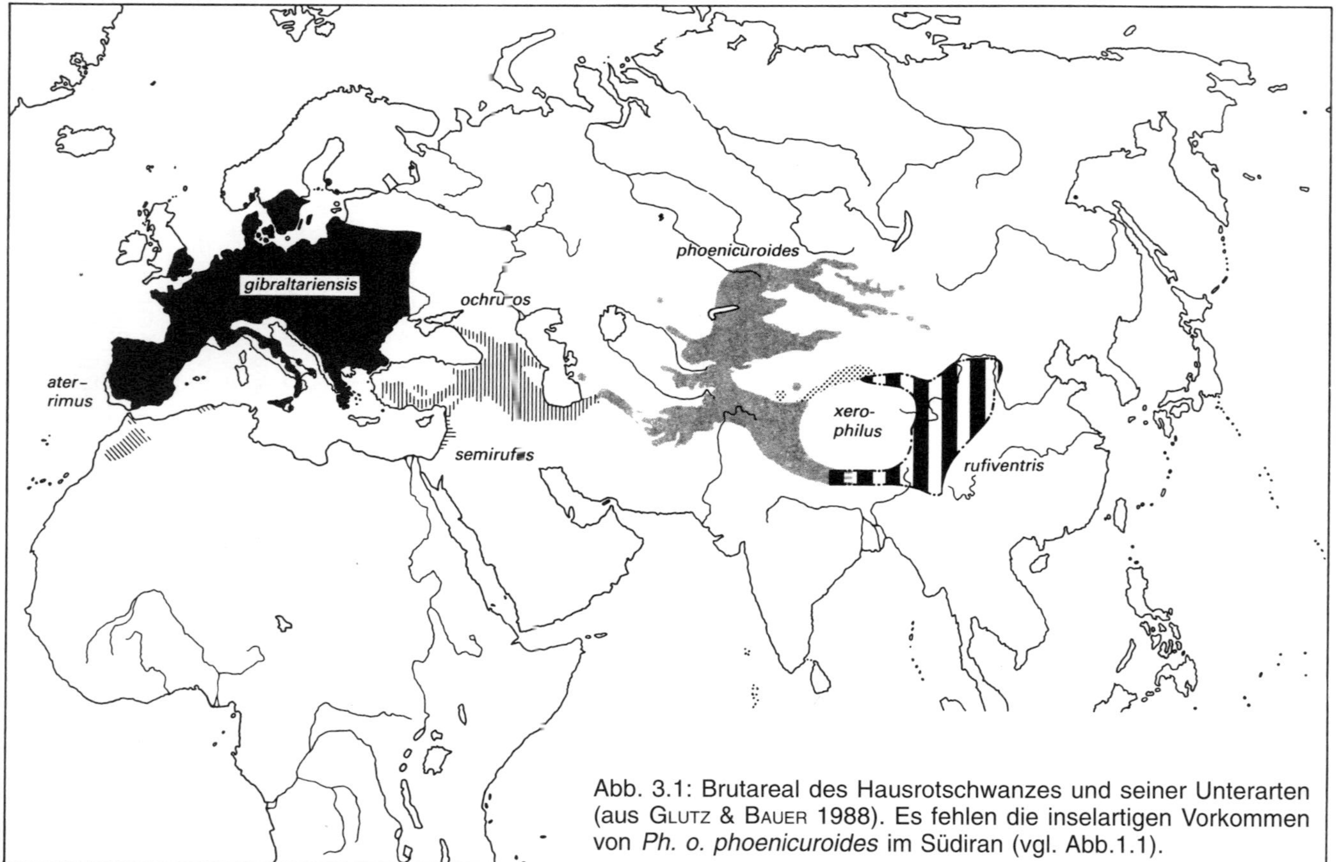

Abb. 3.1: Brutareal des Hausrotschwanzes und seiner Unterarten (aus GLUTZ & BAUER 1988). Es fehlen die inselartigen Vorkommen von *Ph. o. phoenicuroides* im Südiran (vgl. Abb.1.1).

der Hausrotschwanz nach wie vor überwiegend auf Gebirgslagen beschränkt, hat aber mit Ausnahme Siziliens keine der größeren gebirgigen Inseln der Mediterraneis in nennenswertem Ausmaß regelmäßig besiedelt. Im Südwesten reicht das Brutareal im Hohen Atlas bis etwa 31° S und 9° W, im östlichen Mittelmeerraum bis ins Libanongebirge und nach Nordisrael.

Das hier bewußt etwas ausführlicher geschilderte Verbreitungsmuster zeigt nochmals ganz deutlich die primär enge Bindung des Hausrotschwanzes ans Bergland. Die erst seit etwa 250 Jahren ablaufende Ausbreitung, vor allem in die Mittelgebirgs- und Tieflandregionen im Norden (bis etwa 61° N) und Nordosten Europas, ist umso bemerkenswerter.

Die innerartliche Formenbildung ist beim Hausrotschwanz wegen seines riesigen Areals zwar größer als bei anderen Rotschwänzen (Tab.1), angesichts der teils stark zersplitterten Gebirgsvorkommen aber doch recht wenig vorangeschritten. Man unterscheidet heute sieben Rassen in zwei Rassengruppen, deren Verbreitung in Abb. 3.1 und wesentliche Merkmale in Tab. 2, S.23 zusammengefaßt sind (weitere Details s. Kap.2.2).

Für unsere funktionelle Betrachtungsweise von besonderem Interesse sind mögliche geographische Trends in den Körpergrößen und Proportionen. Das für die einzelnen Rassen sehr unterschiedlich genaue Stichprobenmaterial läßt allerdings bisher nur einige grobe Interpretationen zu. Am größten und langflügeligsten sind die ostasiatischen Hochgebirgsformen, was sich eventuell mit Anpassungen an die extremen Bedingungen von Hochgebirgslebensräumen erklären läßt (s. Kap.1). Die Flügellängen zeigen aber, soweit bisher abschätzbar, keinen eindeutigen, funktionell erklärbaren Trend, wie ihn z.B. Blondel (1967) für Populationen des Gartenrotschwanzes zeigt und mit der Zugstrecke erklären konnte. Auffällig ist allerdings, daß die wenig zugaktiven kleinasiatischen Hausrotschwänze (*Ph. o. ochruros*) nicht nur einen deutlich kürzeren, sondern auch weniger spitzen Flügel als die mitteleuropäischen Populationen (*Ph. o. gibraltarensis*) aufweisen (Eck 1990).

3.2 Areale einst und jetzt

Wegen seiner weiten Verbreitung in den gemäßigten trockenen Steppen- und Hochplateauregionen der südpaläarktischen Region, stuft Voous (1962) den Hausrotschwanz gemeinsam mit Felsenschwalbe, Steinrötel und Blaumerle als „paläo-xeromontanes" Faunenelement ein, und postuliert, daß diese Arten (im Gegensatz zu den eigentlichen paläomontanen Hochgebirgsformen wie Mauerläufer, Alpenbraunelle, Schneefink oder Alpendohle) erst nach der letzten Eiszeit auch auf die „trockenen, sonnigen Hänge der Hochgebirge" vorgedrungen seien. Auch wenn der Hausrotschwanz in weiten Teilen seines Areals eine gewisse Tendenz und erhebliche Potenz zur Besiedlung trockener, felsiger Hänge zeigt (Abb 4.1), scheinen mir die Arealmuster der Rotschwanzgruppe und die Verbreitungsmuster anderer paläomontaner Arten eine Abtrennung gerade des Hausrotschwanzes von den eigentlichen zentralasiatischen Hochgebirgsformen nicht zu rechtfertigen und eine erst nacheiszeitlich erfolgte Sekundärbesiedlung echter Hochgebirgslebensräume unwahrscheinlich.

Wann genau sich der Hausrotschwanz allerdings nach Westen ausgebreitet hat und wie lange er schon das noch heute besetzte Gebirgsareal im südlichen Mitteleuropa, im Mittelmeerraum und in Kleinasien besiedelt, muß im Detail im Dunkeln bleiben.

Besser informiert sind wir über die bemerkenswerte Expansion des Brutareals gegen Norden. Spontane oder sukzessive Arealverschiebungen von Tieren sind nicht nur tiergeographisch ein faszinierendes Phänomen, sondern haben auch erheblichen populationsbiologischen und ökologischen Informationswert, nicht zuletzt als Indikatoren für Umweltveränderungen. Die Häufigkeit von Arealverschiebungen hat in Europa in den letzten 200-300 Jahren deutlich zugenommen. Während aber die großräumigen Arealausweitungen von z.B. Türkentaube, Girlitz, Schafstelze, Wacholderdrossel, Beutelmeise und Karmingimpel erhebliche Beachtung gefunden haben und in einer Fülle von Einzelpublikationen dokumentiert sind, ist das Vordringen des Hausrotschwanzes vergleichsweise weniger beachtet worden und nur in Großbritannien und Skandinavien wirklich gut dokumentiert. Die Rekonstruktion der Ausbreitung ist auch deshalb schwierig, weil beim Hausrotschwanz das Vorrücken gegen Norden kein kontinuierlicher Prozeß war (ist), sondern öfters vorgeschobene, isolierte Vorposten schon sehr früh besiedelt wurden, während der Rand des geschlossenen Brutareals noch einige 100 km „hinterherhinkte". Die Ausbreitung verlief überdies diskontinuierlich. Auf Phasen relativer Stagnation folgten plötzliche Ausbreitungsschübe. Letztere konnten zum Teil in Verbindung mit den Witterungsverhältnissen (z.B. Windrichtungen) zur Zugzeit gebracht werden (Vleugel 1960), standen aber auch in Zusammenhang mit plötzlichen Lebensraumveränderungen. Besonders auffällig war eine solche Neubesiedlungswelle nach dem zweiten Weltkrieg, als der Fels- und Offenlandvogel Hausrotschwanz in vielen Trümmerstädten des Tieflands plötzlich stark zunahm.

Faszinierend ist es, wie eng die Arealdynamik des Hausrotschwanzes in Mitteleuropa mit der Dynamik der industriellen Entwicklung, der Landschaftsumformung und der Urbanisierung seit Mitte des 18. Jahrhunderts korreliert! Sowohl qualitative als auch quantitative Aspekte sind dabei zu bedenken. Zum einen haben mit der zunehmenden Industrialisierung die Siedlungsflächen, und damit künstliche Felslandschaften, drastisch zugenommen. So hat sich z.B. die Stadtfläche von Berlin seit 1802 von 13,5 km^2, über 55 km^2 (1850) auf heute über 880 km^2 vergrößert; der Anteil der bebauten Flächen stieg dabei in den letzten Jahrzehnten von 30 auf über 40 % (SUKOPP 1990). Besonders förderlich für den Hausrotschwanz wird aber vor allem auch die strukturelle Umformung der Siedlungen gewesen sein. Neben der Ausdehnung halboffener, locker mit blockigen Bauten (Lagerhallen, Mühlen, Werksgebäude usw.) durchsetzter Industrie- und Gewerbebereiche, sind seit etwa 1840 auch große offene, spärlich bewachsene innerstädtische Eisenbahnflächen entstanden. Nach Schätzungen z.B. aus England dürfte „land in railway use" um 1900 bereits etwa 5.5-9 % der Fläche viktorianischer Städte beansprucht haben (CARTER & LEWIS 1990); ähnliche Dimensionen werden auch heute noch erreicht (z.B. Bahn- und Flugplatzgelände mit 4,7% in Westberlin; SUKOPP 1990). Derartige Veränderungen in der Flächennutzung betrafen und betreffen aber nicht nur städtische Ballungsräume, sondern gelten allgemein. So hat sich allein von 1950 bis 1981 die Siedlunsgfläche in der Bundesrepublik (alte Bundesländer) von 19,110 km² auf 29,370 km² vergrößert (ADAM 1988).

Die immer noch anhaltende Ausbreitung des Hausrotschwanzes und vor allem seine Dichtezunahme (Kap.8.1) in vielen Teilen Europas ist vor dem Hintergrund derartiger Zahlen zu sehen.

Seit Mitte / Ende des 18. Jahrhunderts hat der Hausrotschwanz in West-, Mittel- und Nordeuropa ein Areal von schätzungsweise 1,6 Millionen km² neu erobert. Während der Gebirgsraum im südlichen bis südöstlichen Europa (Pyrenäen, Zentralmassiv, Alpen, Karpatenbogen und angrenzende Gebiete) wohl seit langem, früher allerdings wohl in deutlich geringerer Dichte, besiedelt war, hat der Hausrotschwanz den im Norden angrenzenden Mittelgebirgsraum erst ab der zweiten Hälfte des 18. Jahrhunderts flächig erobert, war aber offenbar noch Ende des 17. Jahrhunderts selbst in Oberbayern nicht überall beheimatet (WÜST 1986). Bis etwa 1820-1830 war er im Norden auf einer Linie von Südbelgien (Ardennen), Westfalen, Südniedersachsen (Harz) über Thüringen bis in die Oberlausitz wohl bereits regelmäßiger, wenn auch lückig verbreiteter, lokal aber vielleicht schon recht häufiger Brutvogel. Das Tiefland Belgiens, die Niederlande, Dänemark und die norddeutsch-polnische Tiefebene wurden in größerem Umfang erst zwischen 1850 und 1920 erobert, wobei die nordwestlichen Küstenregionen Belgiens und Hollands zum Teil erst nach 1940 in geringer Dichte besiedelt wurden. Die regelmäßige Besiedlung Südenglands begann erst nach 1920; der Hausrotschwanz ist aber in Großbritannien auch heute noch vor allem auf den Großraum London, die Küstenregion des Südostens und einige urbane Agglomerationen in den West Midlands um Birmingham konzentriert (GLUE in GIBBONS et al. 1993). Weitere Stationen der Nord- bzw. Nordostausbreitung waren: Südschweden (erste Bruten 1890, eigentliche Besiedlung seit 1910), Norwegen (seit 1923; auch jetzt noch selten), Litauen (seit 1923) Lettland (seit 1939), Südwest-Finnland (spärlich seit 1966), Weißrußland und Ukraine (Zunahme und Ausbreitung seit dem Zweiten Weltkrieg), Nordwestrußland bis Moskau (ab 1965). Weitere Details mit Literaturzusammenstellungen finden sich vor allem in GLUTZ & BAUER (1988). Die Eroberung von Tieflandregionen hält offenbar auch in den letzten Jahren immer noch an, und zwar sowohl im Westen (Frankreich; GLUTZ & BAUER 1988), Südosten (z.B. Vojvodina, PURGER 1989) als auch im Nordosten und Norden, wo der Hausrotschwanz inzwischen vereinzelt bereits das Wolgatiefland bei Kazan (56° N, 49° E) erreicht hat (GREMPE 1982), aber u.U. schon in Mittelfinnland im Küstentiefland zwischen Oulu und Tornio (nördlich 65° N) gebrütet hat (BEKHUIS 1992).

Arealkarten wie in Abb. 3.1 können zwar die Ausbreitung und aktuellen Verbreitungsgebiete einer Art wiedergeben, täuschen aber häufig nicht vorhandene Homogenitäten in der Besiedlung größerer geographischer Räume vor. Auch für den Hausrotschwanz ist festzuhalten, daß sich, trotz der inzwischen flächigen Besiedlung von Tieflandarealen im nördlichen Europa, die Präferenz für und die Herkunft aus Berglagen immer noch deutlich an den großräumigen Siedlungsdichten ablesen läßt. Die Flächendichte nimmt im allgemeinen vom Alpenraum über die höher gelegenen Gebiete Mitteldeutschlands bis in die Norddeutsche Tiefebene konstant ab (Abb. 3.2., s.

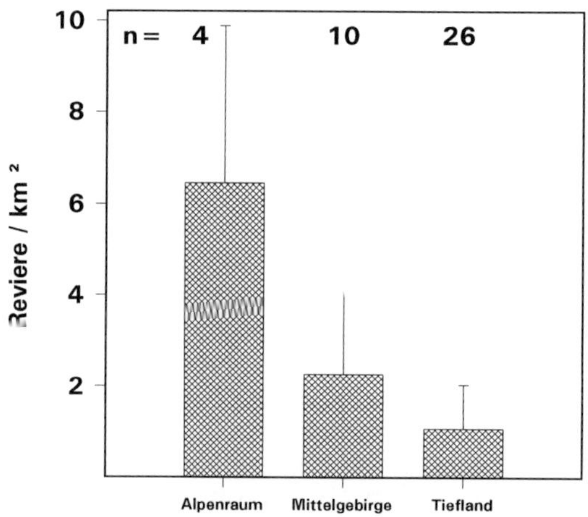

Abb. 3.2: Großräumige Dichteunterschiede des Hausrotschwanzes in Mitteleuropa. Mittlere Revierdichten (und Standardabweichung) pro km² (Mindestwerte) für Gebiete zwischen 10 und 2700 km². Gegenübergestellt sind Untersuchungen aus drei Großräumen: Alpenraum (Schweiz, Bodenseegebiet, Tirol), Mittelgebirgsraum (Süd-, Südostdeutschland, Belgien) und Tiefland (Niederlande, Deutsche Tiefebene). Auffällig ist nicht nur die von S nach N (NW) abnehmende Großraumdichte, sondern auch die Zunahme verfügbarer Großflächenuntersuchungen mit der vom Alpenraum bis in die Tiefebene abnehmenden Reliefenergie. Original nach Daten in BEZZEL 1993 (ergänzt).

auch Tab.12). Während z.B. im Tiroler Lechtal auf 84 km^2 mindestens 900 Hausrotschwanz-Reviere zu finden sind (LANDMANN & BÖHM 1993), sind in Hochbelgien (Ardennengebiet) auf 80 km^2 im Mittel nur 25-125 Reviere, im belgischen Tiefland (Flandern, Brabant) auf der gleichen Fläche aber meist weniger als 25 Reviere des Hausrotschwanzes zu erwarten (DEVILLERS et al. 1988). Ähnliche Verhältnisse liegen in Ostdeutschland vor, wo im gebirgigen Süden (Thüringen, Sachsen) auf 60% der Meßtischblätter (126 km^2) mehr als 100 Brutpaare geschätzt wurden, in Mecklenburg-Vorpommern aber nur auf knapp 10% (NICOLAI 1993).

3.3 Überwinterungsareale

Die nordwestpaläarktischen Hausrotschwänze (Rasse *gibraltarensis*) sind Kurz- bis Mittelstreckenzieher, die ganz überwiegend im Mittelmeerraum bis an den Nordrand der Sahara und bis zur Sinaihalbinsel überwintern, vereinzelt aber auch bis nach Mauretanien, Mali und bis in den Tschad gelangen (CRAMP 1988). Nach Ringfunden überwintern die mittel- und (nord) westeuropäischen Hausrotschwänze vor allem an den Küsten und auf den Inseln im westlichen Mittelmeerbecken. Östlich von etwa 13° E nimmt die Tendenz zum Abzug nach Südosten konstant zu und die ostösterreichischen, tschechisch-slowakischen und nordosteuropäischen Populationen verbringen den Winter offenbar vor allem in Italien, an den Küstenregionen des Balkans und auf den griechischen Inseln bis in den Nahen Osten. (Abb. 3.3). Der Nordrand des regelmäßigen Überwinterungsgebiets wird grob durch die 7,5-10° C Januarisotherme markiert, wenngleich einigermaßen regelmäßige Überwinterungen auch in Süd- und Westfrankreich vorkommen und vereinzelt alljährlich auch in Mitteleuropa registriert werden können (Kap. 9.3).

Die südwestpaläarktischen Hausrotschwänze (*Ph. o. gibraltarensis*, *Ph. o. aterrimus, Ph. o. semirufus*, *Ph. o. ochruros*) sind überwiegend Standvögel, führen aber Höhenwanderungen durch oder wandern über relativ kurze Strecken aus den Bergregionen in nahegelegene Tiefländer ab. Die zur Nominatform gehörigen kaukasischen und türkischen Populationen scheinen z.B. maximal bis in den Nordiran und Nordwestirak zu wandern. Stärker von den Brutgebieten getrennt sind die Überwinterungsareale der asiatischen Formen. *Ph. o. phoenicuroides* überwintert von den Tiefebenen Nordwestindiens und Pakistans über den Südiran, die arabische Halbinsel bis ins Hochland von Äthiopien und Somalia. Das Überwinterungsareal der Hausrotschwänze des östlichen Himalaya, Tibets und Westchinas (*Ph. o. rufiventris*) reicht von Nordburma bis Südindien.

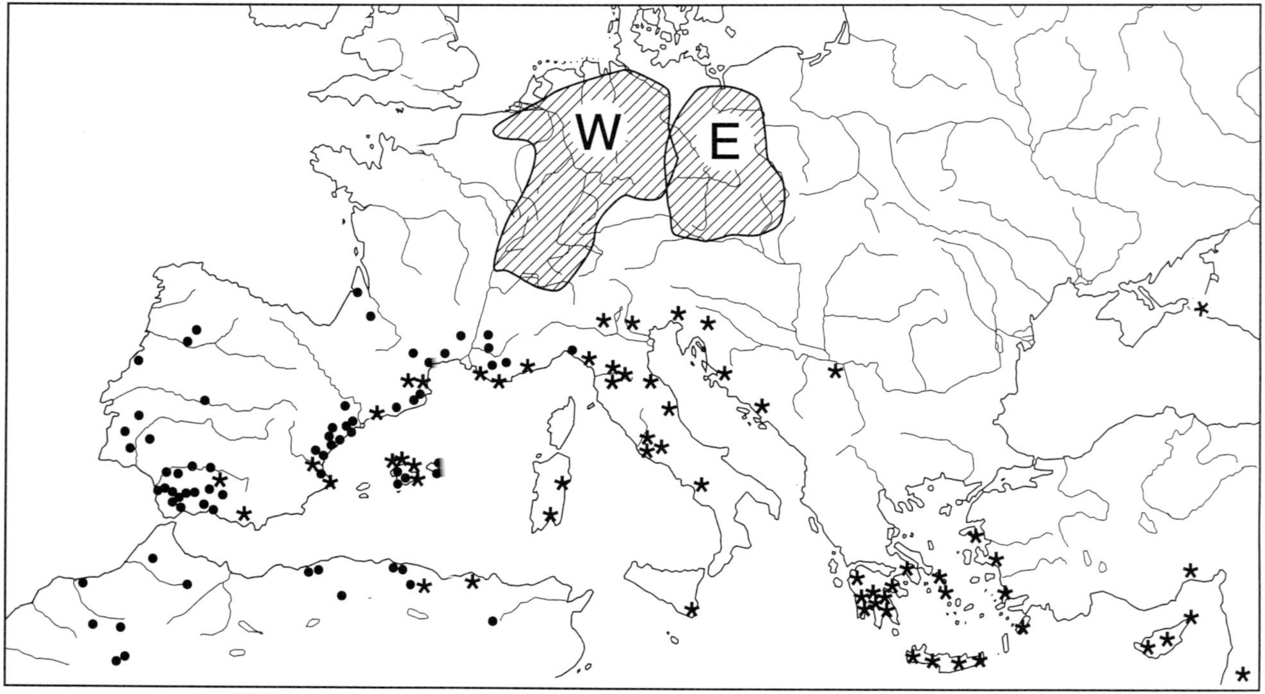

Abb. 3.3: Überwinterungsareale mitteleuropäischer Hausrotschwänze. Wiederfunde v.a. nestjung beringter Vögel im ersten Winterhalbjahr (November - Februar) nach der Beringung. Punkte: Vögel aus dem westlichen Mitteleuropa (Gebiet W: zwischen 8° und 13° Ost), Sterne: Vögel aus dem östlichen Mitteleuropa (Gebiet E: östlich 13° Ost). Nach Daten bei ZINK 1981 in GLUTZ & BAUER (1988 - verändert); ergänzt durch Daten in HUDEC 1983 (Auswahl).

4 Lebensraum und Habitatansprüche

4.1 Primärhabitate

4.1.1 Vom Steppenhügel zum Gletscherrand

Schon die Primärhabitate des Hausrotschwanzes variieren erheblich in klimatischen, orographischen und topographischen Rahmenbedingungen. Sanft geneigte, spärlich bewachsene, mit Geröll bedeckte und felsdurchsetzte Berghänge und isolierte Kuppen in den Hochsteppen der Mongolei (KNEIS & SPRETKE 1985) und des innerasiatisch-tibetischen Hochlandes gehören ebenso dazu wie steile Schluchten und Kliffs und angrenzende, blockdurchsetzte Dornstrauch (*Caragena*)- Hochgebirgshalbwüsten in den Trockentälern des Innerhimalaya (z.B. THIOLLAY 1980, eigene Daten). Weiters auch kahle, felsige Hochmatten und Blockfluren an Gletscherrändern in der Hochalpinstufe des feuchteren Zentralhimalaya (DIESSELHORST 1968) und in den schneereichen Hochgebirgen Europas. Die Fotos (Abb 4.1.-4.2.) mögen exemplarisch die Extreme in der Palette von Primärhabitaten verdeutlichen.

Gemeinsam ist allen Primärhabitaten der offene, weitgehend übersichtliche Charakter, mit zumindest einzelnen Felsen oder größeren Blöcken, die als Brutplätze und Warten wichtig sind sowie das Fehlen höherer, dichterer Vegetation, insbesondere von Baumbeständen. Die Vegetationsdecke ist in den Fortpflanzungshabitaten fast nie geschlossen. Typisch sind vielmehr Mosaikstrukturen, also ein kleinflächiger Wechsel kurzrasiger Vegetationsflecken, z.T. auch einzelner Zwergsträucher und Büsche, mit Schutt, Geröll und höheren Einzelstrukturen, also eine erhebliche Vielfalt des Mikroreliefs.

Der Hausrotschwanz besiedelt zwar in weiten Teilen seines asiatischen Areals bevorzugt sonnige, trockene Felspartien, ist aber durchaus auch in feucht-nassen Lagen und Klimaten zu finden; die manchmal vertretene Ansicht (z.B. VOOUS 1962, CRAMP 1988), der Hausrotschwanz lehne derartige Umweltbedingungen ab, erscheint mir daher wenig begründet (s. auch Kap. 4.3).

Abb. 4.1: Primärlebensraum des Hausrotschwanzes im Innerhimalaya. Hochgebirgshalbwüste und Schluchtfelsen (ca. 3000 m NN) im westlichen Muktinath-Becken, Nepal. Foto A. LANDMANN.

Abb. 4.2: Primärlebensraum des Hausrotschwanzes in den Alpen. Gaisbergtal, Ötztaler Alpen, ca. 2200 m NN. Foto CH. BÖHM.

4.1.2 Nischentrennung, Mikrohabitate

Details der Habitatnutzung und Nischentrennung im Vergleich zu ökologisch ähnlichen oder verwandten Arten sind in Primärhabitaten bislang nur unzureichend untersucht worden, neuere Arbeiten aus verschiedensten Teilen des Hausrotschwanz-Areals erlauben aber interessante Einblicke.

An Steppenhängen der Mongolei, wo mitunter bis zu vier Steinschmätzerarten und der Steinrötel syntop mit dem Hausrotschwanz leben, bevorzugt er besonders steile, felsige Bereiche, die zudem durch Erosionsschutt stark strukturiert sind, und ist dadurch schon räumlich von den meisten Steinschmätzerarten gut getrennt. Von Nonnensteinschmätzer und Steinrötel, die ähnliche Mikrohabitate besiedeln, unterscheidet sich der Hausrotschwanz deutlich durch die Nistplatzwahl (besonders tiefe, schmale Gesteinsspal-

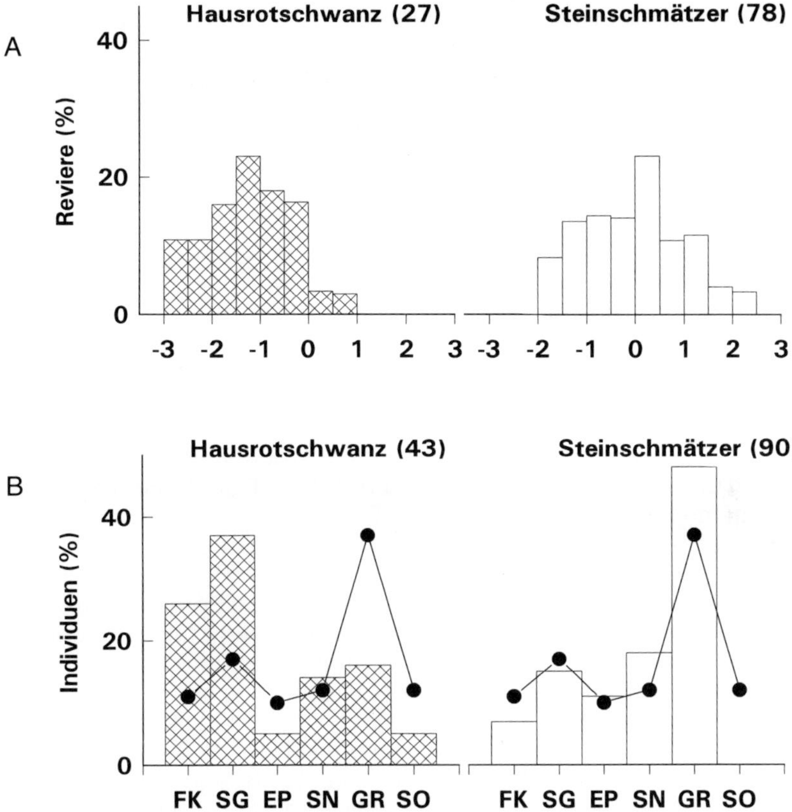

Abb. 4.3: Habitatpräferenzen und Nischentrennung von Hausrotschwanz und Steinschmätzer (*Oenanthe oenanthe*) in europäischen Hochgebirgen.

A: Brutzeit, Sierra Nevada, Südspanien (2000-2700m NN). Häufigkeitsverteilung von Revieren entlang eines Habitatgradienten der von steinig-felsig (negativer Sektor), bis hin zu Flächen mit starker Vegetationsbedeckung (Polsterpflanzen, Mattenvegetation) und hohen Anteilen an kahlem Erdboden (positiver Sektor) läuft. Ergebnisse einer Faktorenanalyse aus ZAMORA 1991, verändert.

B: Spätsommer, Großglocknergebiet, Österreich (2300-2700m NN). Häufigkeitsverteilung der Nutzung unterschiedlicher Oberflächenstrukturen: FK = Fels, felsige Bänder, Klippen; SG = Schutt, Geröll, Blöcke; EP = erdig, kahler Boden mit lockerer, schuttdurchsetzter Polsterpflanzenvegetation; SN = Schneetälchen, Schneeböden; GR = Grasheiden; SO = sonstige Strukturen (Feuchtstellen, anthropogene Gebilde). Das Habitatangebot (Punkte), d.h. die prozentuelle Häufigkeit der einzelnen Makrohabitate im Untersuchungsgebiet, ist zum Vergleich mit beigegeben. Nach WINDING 1990, verändert.

ten) und dadurch, daß er die steilen Hangpartien bei der Nahrungssuche bevorzugt (Kneis & Spretke 1985).

Im Innerhimalaya besiedelt der Hausrotschwanz vor allem die trockenen, kahlen Felshänge der Durchbruchstäler und Becken in der Montan- bis Subalpinstufe (vor allem zwischen 2700-4000m), während der dort ebenfalls häufige Himalayarotschwanz (*Ph. frontalis*) vegetationsreichere Habitate, vor allem blockdurchsetzte, lockere Gebüsche und Matten oberhalb der Waldgrenze bewohnt (Thiolay 1980, Landmann & Winding 1993).

In den europäischen Gebirgen ist besonders die Nischentrennung von Hausrotschwanz und Steinschmätzer interessant, weil beide Arten insektivore Bodenabsucher mit ähnlichen Nahrungssuchtechniken und vergleichbarem Nahrungsspektrum sind (Kap.5). Nach Untersuchungen von Regino Zamora (1990), wird der Hausrotschwanz vom größeren und dominanten Steinschmätzer besonders häufig attackiert. In der südspanischen Sierra Nevada vermeidet der Hausrotschwanz durch die Wahl anderer Substrate bei der Nahrungssuche und unterschiedlicher Mikrohabitate offenbar allzu starke Konkurrenz (Zamora 1990, 1991; Abb 4.3 A). Der Hausrotschwanz nimmt z.B. viel mehr Beutiere am Rand von Gebüschen und mittels Flugjagd auf, während der Steinschmätzer ganz überwiegend im freien Gelände am Boden jagt. Ersterer besiedelt in der Sierra Nevada zur Brutzeit zudem besonders vegetationsarme, felsige und geröllüberschüttete Bereiche, während der Steinschmätzer breiter eingenischt ist und stärker vegetationsbedeckte Areale mit viel kahlem Grund, aber weniger Steinbedeckung bevorzugt.

Zu ganz ähnlichen Befunden gelangte Norbert Winding, der am Großglockner in den österreichischen Zentralalpen nachbrutzeitliche Habitatnutzung und Nischentrennung alpiner Kleinvögel studierte (Winding 1990). Der Hausrotschwanz zeigt dort starke Vorlieben für felsige und schuttbedeckte Teilbereiche und meidet, im Gegensatz zum Steinschmätzer, Grasheiden, Polsterpflanzenflächen und Stellen mit kahlem, erdigem Substrat (Abb. 4.3 B). Die Nischenüberlappung war auch in anderen Lebensraumparametern und gegenüber anderen alpinen Kleinvögeln überraschend gering. Hausrotschwänze nutzen am Großglockner besonders hochgelegene, steile, vegetationsarme und stark schuttbedeckte Bereiche mit besonders rauher Oberfläche und relativ geringer Bodenfeuchte (Winding 1990).

Trotz der relativ homogenen Struktur der baumlosen Primärhabitate, besteht also durch geschickte Aufteilung der Teilbereiche und entsprechende morphologische Anpassungen (Kap. 1 und 5) auch im Hochgebirge klare Nischentrennung und Koexistenz potentiell konkurrierender Arten (s. dazu auch Landmann & Winding 1993).

4.2 Sekundärhabitate

4.2.1 Vom Fels zum Wolkenkratzer

Die Palette der vom Hausrotschwanz besiedelten Sekundärhabitate ist außerordentlich breit. Bezüge zu den vorstehend geschilderten Lebensraumpräferenzen sind zwar nicht immer ganz offensichtlich, bei näherer Betrachtung aber meist doch deutlich zu erkennen.

Naheliegend ist, daß dealpine Felslandschaften und verwandte Habitate besiedelt werden. Der Hausrotschwanz ist daher regelmäßig an Felsen im Mittelgebirge und Vorland (z.B. HAURI 1988), in Kiesgruben und Steinbrüchen (z.B. VIDAL 1980), Bergwerkshalden (z.B. SANDER & WITZLEB 1987), Ruinen und vereinzelt auch an Küstenfelsen anzutreffen. Geschlossene, große Waldgebiete meidet er, obschon Bauwerke und Felsen in Auflichtungen öfters besiedelt sind und manchmal sogar strukturreiche, größere Windwurfflächen in Gegenden mit dünner menschlicher Besiedlung, vom Hausrotschwanz bezogen werden (z.B. LEIBL 1988).

Daneben nutzt der Hausrotschwanz vor allem Siedlungen bzw. Bauwerke und Anlagen aller Art. Die Palette reicht dabei von nur unregelmäßig vom Menschen frequentierten Strukturen im offenen Kulturland bis in die belebtesten, geschlossen überbauten Citybereiche. Besonders im Alpenraum und im Alpenvorland sind Viehhütten- und Heustadelpopulationen auf Almen, in Moorlandschaften und in der offenen Feldflur in Talböden weit verbreitet, und können lokal, wie etwa im Obervinschgau (BERG-SCHLOSSER 1981), einen Großteil der Bestände ausmachen. Weiters ist der Hausrotschwanz regelmäßig in geringer Dichte in von Stützmauern durchzogenen, offenen Rebgeländen zu finden, wo er in Gerätehütten, Mauerspalten und Höhlungen in Lößwänden günstige Nistgelegenheiten vorfindet (z. B. SEITZ 1989). Zumindest in Europa stellen aber inzwischen Siedlungen den wichtigsten Lebensraum für den Hausrotschwanz dar. Sie dürften nach meiner Schätzung 90-95 % des Gesamtbestandes beherbergen. Besiedelt werden prinzipiell alle Typen von Wohn-, Gewerbe und Industrieanlagen, von winzigen Streusiedlungen, über Dörfer, Kleinstädte, Vorstadtbezirke, Wohnblock- und Innenstadtbereiche von Großstädten bis zu unterschiedlichsten Lagerhallen,- Fabrik-, Sägewerk-, Hafen- und Eisenbahnanlagen.

4.2.2 Habitatwahl in menschlichen Siedlungen

Eine genauere Analyse der Vorkommens- und Häufigkeitsmuster in städtischen und ländlichen Siedlungen zeigt, daß der Hausrotschwanz sein evolutionäres Erbe nicht ganz abschütteln konnte. Denn gerade die bevorzugten Sekundärhabitate weisen recht starke strukturelle und funktionelle Anklänge an die Primärlebensräume auf.

Im wesentlichen werden die Stetigkeit und Siedlungsdichte durch zwei Komponenten bestimmt: vom Angebot blockiger, nischenreicher Großbauten im Wechsel mit übersichtlichen Freiflächen sowie von der Dichte und Höhe des Baum- und Buschbestandes.

Stadthabitate: Eine Auswertung von 123 Siedlungsdichteuntersuchungen in Hamburg, bei der mittels multipler Regressionsmodelle Flächenstrukturen von Probeflächen mit Revierdichten in Beziehung gesetzt wurden, ergab negative Korrelationen der Hausrotschwanz-Dichte mit der Länge der Wald- und Strauchschichtgrenzlinie und mit der Anzahl von villenartigen Gebäuden, jedoch positive Korrelationen mit dem Flächenanteil unverbauter (unversiegelter und versiegelter) Freiflächen (MITSCHKE 1993). Dicht begrünte Villenviertel und Wohnsiedlungen werden daher oft völlig gemieden oder sind nur sehr lückig besiedelt. Auch dicht verbaute Innenstadtareale, Wohnblockviertel und Reihenhaussiedlungen sind für den Hausrotschwanz meist nur suboptimal (Kap.8.1). In Städten sind vor allem locker bebaute, mit hohen Einzelstrukturen (Türme, Masten, Kräne, Stapelgut usw.) durchsetzte Areale die Optimumflächen (ANDERSSON 1995). Mit höchster Stetigkeit besiedelt sind dementsprechend Eisenbahnanlagen, Häfen, In-

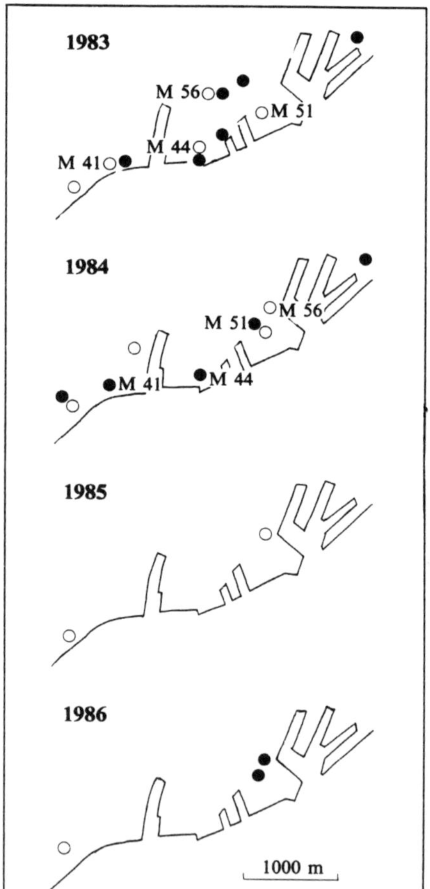

Abb. 4.4: Verteilung von Hausrotschwanzrevieren im inneren Hafen von Göteburg 1983 bis 1986. Im Jahr 1984 wurden kurzrasige Vegetationsflecken großteils asphaltiert. Kreise: erfolgreiche Brutreviere, Punkte: Reviere von Nichtbrütern. Nummern = individuell gekennzeichnete Männchen. Aus ANDERSSON 1987.

dustrie- und Gewerbeareale und verschiedenste Lagerstätten und Baustellen. In solchem Gelände können auch im Flachland kleinräumige Dichtewerte erreicht werden, wie sie sonst meist nur im ländlichen Siedlungsraum im südlichen Mitteleuropa üblich sind (Kap.8.1).

Die Existenz zumindest einzelner kurzrasiger Vegetationsflecken (z.B. Brachen, Rasen, Dammböschungen), die bevorzugt bejagt werden, ist offenbar ein Schlüsselfaktor, der Vorkommen und Dichte bestimmt. Im Hafengelände von Göteburg zeigte sich, daß nicht nur alle Reviere solche Mikrohabitate aufweisen (ANDERSSON 1985), sondern daß der Hausrotschwanz-Bestand nach der Zerstörung solcher Strukturen durch Asphaltierung auch sprunghaft abnahm (ANDERSSON 1987, Abb. 4.4). Auch der Umstand, daß der Hausrotschwanz in vielen Trümmerstädten des zweiten Weltkrieges (z.B. München, Rotterdam, Den Hague, London) nach dem Wiederaufbau wieder abnahm, sowie Einzelbefunde, wonach anfänglich beliebte, kahle Roh- oder Neubaugebiete im Laufe der Zeit an Attraktivität verlieren (PLATH zit. GLUTZ & BAUER 1988), zeigen, daß die Lebensraumansprüche dieses scheinbar so anpassungsfähigen Kulturfolgers recht spezifisch sind.

Dörfer: Langjährige eigene Untersuchungen (LANDMANN 1987, LANDMANN & KOLLINSKY 1995) in Montandörfern Tirols, die mit Revierdichten von 5-10 Revieren /10 ha (Abb. 4.9, S.53) zu den dichtest besiedelten Hausrotschwanz-Habitaten überhaupt zählen, haben gezeigt, daß selbst in kleineren Dörfern ganz offensichtliche Vorlieben für bestimmte Grobstrukturen und Lageverhältnisse bestehen. Wenn man Reviere kartiert und deren Flächeninhalt planimetriert, wie wir das in den Tiroler Dörfern Tulfes und Rinn (Abb.4.7, S. 50) gemacht haben, erweisen sich auch in ländlichen Siedlungen hohe Anteile offener, vegetationsarmer Freiflächen oder kurzrasiger Areale, sowie der geringe Anteil von Gehölzen, als die wichtigsten Kenngrößen (Tab. 4).

Tab. 4. Flächenanteile von Lebensraumstrukturen in Hausrotschwanz-Revieren in zwei Mittelgebirgsdörfern Tirols. Mittelwerte für Kreisflächen mit dem Radius 50 m (~0.8 ha) um Reviermittelpunkte. n = 56 Reviere.

Flächenvariable	**Mittelwert (m^2)**	**Prozent**	**Min.**	**Max.**
Gebäude-Landwirtschaft	526	6.7	0	2078
Gebäude-sonstige	691	8.8	0	1996
Freiflächen-vegetationsfrei	1602	20.4	435	4086
kurzrasige Vegetation	3676	46.8	1195	6403
Obstanger, Obstbäume	950	12.1	0	1935
Gehölze, Bäume, Hecken	401	5.1	0	2145

Allgemein fiel uns in Tirol auf, daß die Siedlungskerne in der Regel die größten Brutdichten aufweisen, während die gürtelförmig um die alten Dorfzentren gelegten „Anwachsstreifen" vielfach nur einzelne Reviere beherbergen. Als typisches Beispiel dafür, zeigt Abb. 4.5 die Verteilung der Hausrotschwanzreviere in einem Mittelgebirgsdorf mit starker Mischstruktur oberhalb von Innsbruck. Man sieht, daß vor allem bäuerliche Dorfteile, aber auch vegetationsarme Areale mit blockigen Großgebäuden und kleinflächige Roh- und Neubaubereiche an den Rändern bevorzugt werden. Um eine nähere Beurteilung der Einflüsse der Dorfraumstruktur durchführen zu können, habe ich in mehreren Dörfern in folgenden fünf strukturell und habituell deutlich unterschiedlichen Dorfzonen, getrennt die Besiedlung durch den Hausrotschwanz untersucht: (1) bäuerliche Dorfbereiche mit Obstgärten und relativ großen, unversiegelten Freiflächen um die Gehöfte, (2) stark versiegelte, vegetationsarme Großbauzonen (vor allem Hotels und Gewerbebauten), (3) Rohbau- und kahle Neubauzonen, (4) neuere, heckenreiche, aber baumarme Wohnsiedlungen und (5) reich durchgrünte Altbauwohnbereiche. Die einzelnen Dorfzonen wurden signifikant unterschiedlich vom Hausrotschwanz

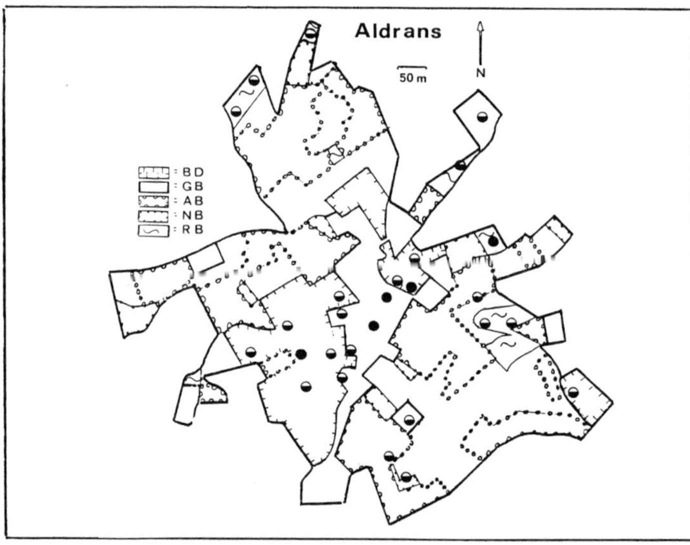

Abb. 4.5: Verteilung der Hausrotschwanz-Reviere im Tiroler Dorf Aldrans 1982 und 1983. Volle Punkte: in beiden Jahren besetzt, halbvolle Punkte: nur 1982 oder 1983 besetzt. Dorfzonen: BD = Bauerndorf, GB = Groß/Gewerbebauzone, AB = durchgrünte Wohnsiedlung-Altbau, NB = Wohnsiedlung-Neubau, RB = Rohbauzone. Aus Landmann 1987.

besiedelt. Die vom Flächenanteil und den Gebäudezahlen her dominanten Altbauwohnareale wurden deutlich unterdurchschnittlich genutzt, während vor allem Bauerndorfbereiche, aber auch „felsartige", blockige Hotels und andere Großbauten sehr beliebt waren (Abb.4.6). Hohe Anziehungskraft übten daneben auch Rohbauten mit ihrem sehr offenen Umfeldcharakter aus. Dies galt insbesondere für nicht verputzte, noch fensterlose, aber bereits überdachte Bauten, die sowohl an der Außenfassade wie auch im Inneren viele Möglichkeiten für geschützte Nestanlagen bieten. Die Präferenz für solche Strukturen kommt allerdings in der Abb. 4.6 zu schwach zum Ausdruck, da hier Rohbauten in der Rubrik NB mit etwas älteren, schon bewohnten Gebäudekomplexen zusammengefaßt wurden.

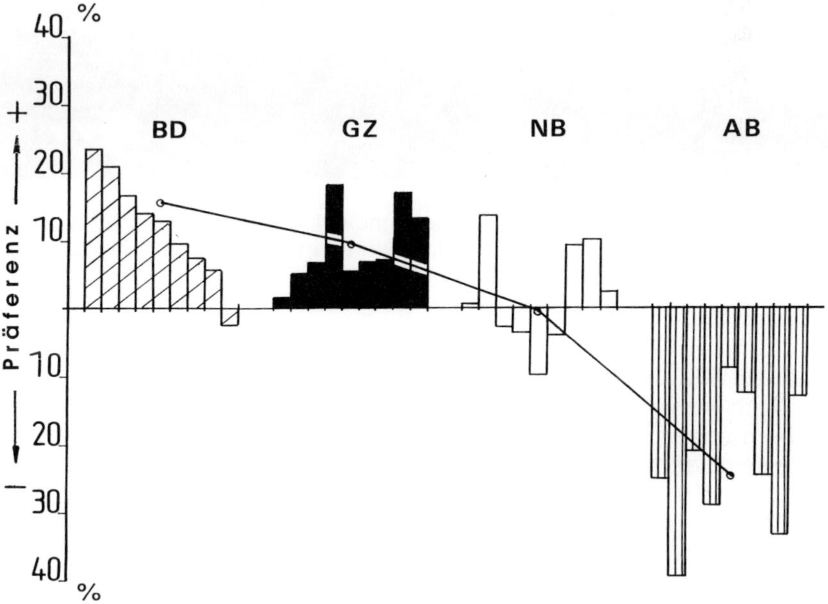

Abb. 4.6: Bevorzugung (+) bzw. Ablehnung (-) verschieden strukturierter Dorfteile durch den Hausrotschwanz in neun Tiroler Dörfern (Balken). Prozentuelle Verteilung von 397 Revieren in Relation zum Erwartungswert (Nullinie), d.h. dem Flächenanteil der jeweiligen Dorfzonen (s. Legende Abb. 4.5; NB = inklusive Rohbauareale). Linie: Mittelwerte aus allen Dörfern. Die Gesamtverteilung der Reviere unterscheidet sich signifikant (χ^2 Mehrfeldertests, $p < 0.001$) von der nach den Flächenanteilen zu erwartenden Gleichverteilung. Präferenz für BD, GZ, gegenüber AB mit $p < 0.01$ und für BD gegenüber NB mit $p < 0.05$ signifikant. A. LANDMANN, Original.

Abb. 4.7: Traditionelle bäuerliche Dorfbereiche mit angrenzenden lichten Obstwiesen, wie hier in Rinn (920 m NN) in Tirol, werden vom Hausrotschwanz in hoher Dichte und Stetigkeit besiedelt. Foto C. Kollinsky.

Die Attraktivität der zwar straucharmen, durch die Obstanlagen aber fallweise doch weniger offenen (Abb. 4.7) bäuerlichen Siedlungsteile mag etwas überraschen. Das hervorragende Angebot von großen, blockigen, aus dem Umfeld ragenden Warten (große Bauernhöfe) und vegetationsarmen Jagdflächen (Hof-, Wirtschaftsflächen), das gute Nistplatzangebot (Schuppen, Gebälk - vgl. Abb.7.5, Kap.7.4) und das sicherlich überdurchschnittlich gute Nahrungsangebot (z.B. Insekten bei Stallungen!), ist aber offensichtlich ein mehr als ausreichender Ausgleich für den teilweisen Verlust an Übersichtlichkeit. Für den Nahrungserwerb sind in vielen bäuerlichen Dörfern vor allem zwei Strukturen wichtig: Obstgärten bzw. Obstwiesen, sowie Misthaufen. Letztere sind vor allem bei Schlechtwetter ein beliebter Ort für die Nahrungssuche. Die Bedeutung der Obstgärten ist in Tirol nicht nur an ihrem Flächenanteil in den Revieren ersichtlich (Tab.4), sondern auch daran ablesbar, daß die über Jahre bevorzugt besiedelten Reviere besonders große Obstangerflächen enthalten (s.auch Abb. 6.12, S. 84).

Auch in anderen Untersuchungen wird besonders betont, daß der Hausrotschwanz Obstgärten regelmäßig nutzt. Im Bergischen Land nordöstlich von Bonn wurden Obsthöfe überdurchschnittlich stark zur Nahrungssuche genutzt und fast 50% aller Beobachtungen erfolgten in diesem Habitat (GERHARD 1992). In der Schweiz nutzt der Hausrotschwanz zur Wartenjagd nicht nur ganz regelmäßig Hochstamm-, sondern auch Niederstammobstgärten, die z.B. vom Gartenrotschwanz gemieden werden, und er hat vereinzelt sogar schon in Obstgärten gebrütet (MÜLLER et al. 1988, ZWYGART 1983).

Der ursprüngliche Fels- und Blockhaldenbewohner Hausrotschwanz hat also auch in Sekundärhabitaten insgesamt eine deutliche Präferenz für physiognomisch zumindest ähnliche Grobstrukturen bzw. Areale beibehalten. Die regelmäßige Nutzung baumdominierter Obstgärten zeigt aber, daß der Hausrotschwanz durch seine erhebliche Plastizität für die erfolgreiche Besiedlung menschlicher Siedlungen vorangepaßt ist.

4.3 Vom Flachland in die Berge: werden höhere Lagen bevorzugt?

Der Hausrotschwanz kann grundsätzlich alle Höhenlagen vom Tiefland bis in die obere alpine Stufe besiedeln (Abb. 4.8.). Die höchsten Brutnachweise in den Alpen stammen aus etwa 3200 m, im Himalya steigt er zur Brutzeit bis 5700 m hoch. Trotz seiner weiten Vertikalverbreitung zieht der Hausrotschwanz aber bei genauer Analyse selbst im Alpenraum höhere Lagen etwas vor. In Österreich wurde z.B. bei der landesweiten Brutvogelkartierung (DVORAK et al. 1993) zwar ein Maximum der Brutzeitnachweise zwischen 200-600 m erbracht, ein zweiter Nachweisgipfel lag jedoch zwischen 1700-2000 m (Abb.4.8 A). Bedenkt man den relativ geringen Flächenanteil der höheren Stufen und berücksichtigt, daß die Kartierungsakitvität in Österreich auf die östlichen Tieflagen und Talschaften konzentriert war, dann sieht das Bild anders aus, und die Bevorzugung höherer Lagen wird deutlich. Noch klarer sind solche Präferenzen in den Südalpen und auf dem Apennin (z. B. ILLNER et al. 1992). Schon in der Südschweiz stellte sich bei einer Kartierung der Brutvogelwelt der Mendrisiotto Region (106 km²) südlich des Luganer Sees heraus, daß ein Großteil der Hausrotschwänze über 1000 m hoch siedelt. Wenn man die Höhenverteilung zudem proportional zu den Flächenanteilen der einzelnen Höhenstufen darstellt, wird die Bevorzugung der Hochlagen noch deutlicher (Abb.4.8B; LARDELLI 1988).

Auch die Revierdichten weisen grundsätzlich in dieselbe Richtung. In der Schweiz werden z.B. die höchsten Dichten in der Höhenstufe zwischen 1000-1600 m erreicht (SCHIFFERLI et al. 1980) und unsere Untersuchungen in Tiroler Siedlungen (Abb. 4.9) zeigen, daß im großen und ganzen hochmontane und subalpine Siedlungen für den Hausrotschwanz attraktiver sind.

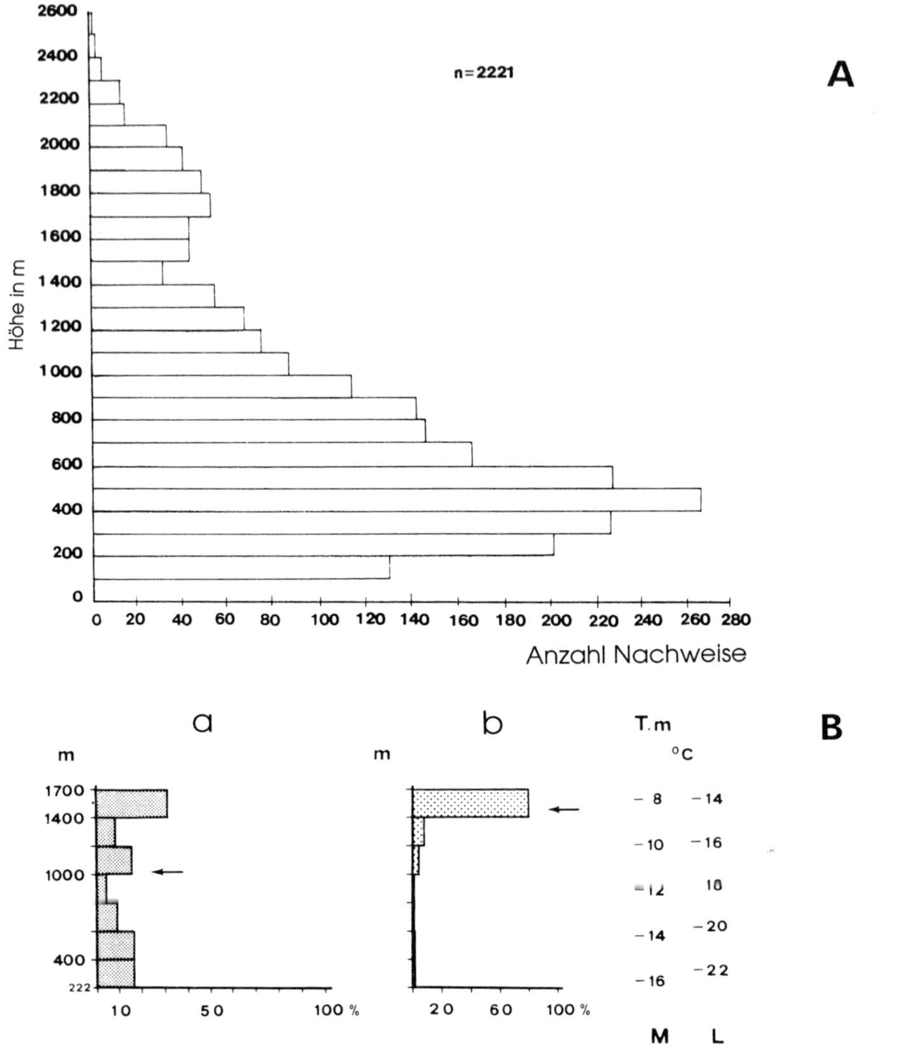

Abb. 4.8: Vertikalverbreitungsmuster des Hausrotschwanzes im zwei Gebieten des Alpenraums.

A: Österreich: Anzahl von Nachweisen mit Brutverdacht pro 100 m Höhenstufe. Ergebnisse der landesweiten Brutvogelkartierung (aus Dvorak et al. 1993).

B: Mendrisiotto, Tessin: Brutzeitregistrierungen pro Höhenstufe (%). a: tatsächliche Feststellungen; b: theoretisches Häufigkeitsmuster bei Berücksichtigung der unterschiedlichen Flächenanteile der einzelnen Höhenstufen. Die mittleren Höchsttemperaturen im Mai und Juli sind pro Höhenstufe mit angegeben (aus Lardelli 1988).

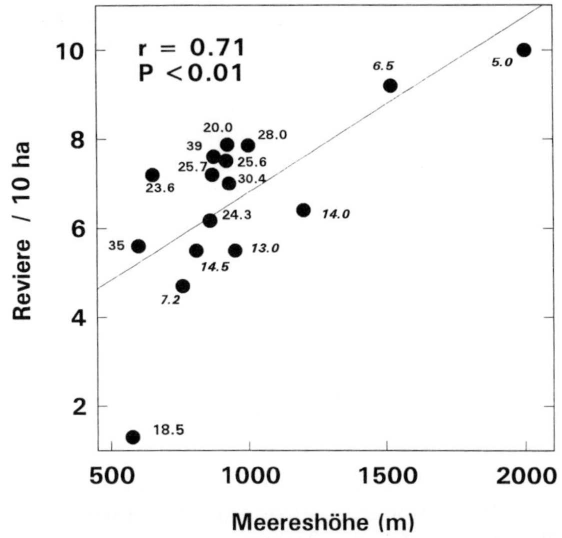

Abb. 4.9: Zunahme der Siedlungsdichte mit der Meereshöhe beim Hausrotschwanz in 16 Tiroler Siedlungen. Die Untersuchungsflächen liegen im Inntal, den im Süden angrenzenden Mittelgebirgsterrassen und entlang eines Höhentransektes im Sellraintal, südwestlich von Innsbruck. Die beiden Extremwerte repräsentieren am ehesten den Typus der Kunstfelslandschaft, mit hohen, blockigen Gebäuden (Wohnblocksiedlung am Stadtrand von Innsbruck bzw. Ski-Hoteldorf in der Alpinstufe); bei den anderen Probeflächen handelt es sich um überwiegend bäuerliche Dörfer. Mit angegeben sind die Probeflächengrößen in ha . Nach Daten in LANDMANN 1987, KOLLINSKY & LANDMANN 1996 und HÖRMANN & LANDMANN, unveröff.

Seinen evolutionären Hintergrund zeigt uns der Bergvogel Hausrotschwanz also nicht nur in seiner Ausbreitungsgeschichte und seinen Verbreitungsmustern, sondern auch in vielen Details der Lebensraumnutzung.

4.4 Zug-, Rast- und Winterhabitat

Offene, übersichtliche Habitate mit nicht zu hoher und häufig lückiger Vegetation werden auch nach der Brutzeit als Rastplätze am Zug und im Winterquartier bevorzugt.

Im Schweizer Jura rasten Hausrotschwänze regelmäßig in ungewöhnlich hoher Dichte auf den offenen, geröll- und felsdurchsetzten Weiden auf den Bergkuppen des Chasseral. Ein Großteil der Durchzügler nutzt dabei Felsbänder und Geröllhalden, nur wenige Hausrotschwänze werden auf den mit Felsblöcken bespickten Weiden und in lockeren Fichtenbeständen an der Baumgrenze beobachtet (BIBER 1984).

Siedlungsvögel nutzen im Spätsommer und Frühherbst vermehrt umliegendes Kulturland, insbesondere Ackerbrachen und abgeerntete Maisfelder. Die Ergebnisse langjähriger Fangprogramme in Ried- und Feuchtgebieten am Bodensee und Neusiedlersee belegen, daß der Hausrotschwanz auch am Zug relativ spezifische, vom Mittelwert der anderen Kleinvögel recht stark abweichende Strukturansprüche stellt. Hausrotschwänze wurden sowohl auf der Mettnau als auch in Illmitz überwiegend in offeneren, savannenartigen Riedbereichen und übersichtlicheren Dammarealen gefangen und mieden dichter verbuschte Areale (BAIRLEIN 1981). Die im Verhältnis zur Häufigkeit sehr geringen Fangzahlen des Hausrotschwanzes im Zuge des Mettnau-Reit-Illmitz Programms zeigen aber, daß vegetationsreiche, bebuschte Riedgebiete trotz ihres Nahrungsreichtums und des insgesamt offenen-halboffenen Charakters für den Hausrotschwanz suboptimal sind. So wurden auf der Mettnau in 20 Jahren nur 453 Hausrotschwänze, dagegen aber 876 Individuen des viel selteneren Gartenrotschwanzes gefangen (BERTHOLD et al. 1993). Auch im Schweizer Mittelland wurden Hausrotschwänze zur Herbstzugzeit zwar mehrfach in Maisfeldern gefangen, nie aber in angrenzenden Ried- und Schilfgebieten (JENNI & DEGEN 1990).

Besonders beliebte Rastplätze sind hingegen Flußufer. Vor allem während des Frühjahrszuges und bei Schlechtwetter können sich an Kiesbänken und Spülsäumen auch lockere Trupps des sonst wenig sozialen Vogels zum Rasten und Jagen auf relativ engem Raum einfinden.

Über die Habitatansprüche im Winter gibt es meines Wissens keine Detailstudien (s. aber CUADRADO 1995). Generell nutzt der Hausrotschwanz aber auch im Winter dem Habitatschema der Art entsprechende Biotope, allerdings vermehrt in niederen Lagen. Die asiatischen Hausrotschwänze der Rasse *phoenicuroides* überwintern allerdings in Äthiopien und Somalia offenbar bevorzugt in Hochlagen (ASH & MISKELL zit. CRAMP 1988).

5 Nahrungserwerb, Ernährungsstrategien

5.1 Anpassungen: Ökomorphologie und Lokomotion

Nahrungssuchstrategien und Beuteerwerb werden bei Vogelarten, die wie der Hausrotschwanz mobile Kleintiere erbeuten, besonders von zwei Faktoren bestimmt: vom Körperbau und von der Struktur des Lebensraums (Kap.4), in dem gejagt wird und an den eine Art angepaßt ist. Für ein tieferes Verständis der Ernährungsbiologie des Hausrotschwanzes ist daher nochmals ein genauerer Blick auf seine Körperproportionen nötig (s.auch Kap.1).

Im Vergleich zu anderen europäischen Erdsängern ist der Hausrotschwanz relativ lang- und breitflügelig und langschwänzig (Daten z.B. in Eck 1990). Der schlanke und lange, an der Basis aber verhältnismäßig breite Schnabel ist mit recht langen Vibrissen besetzt (Abb.5.1). Der Lauf ist zwar relativ kürzer als z.B. bei Dickichtschlüpfern wie Rot- oder Blaukehlchen, aber der Hausrotschwanz kann immer noch, z.B. im Vergleich zum Gartenrotschwanz, als langbeinig gelten (s. auch Tab.1). Auf der Basis funktioneller morphologischer Untersuchungen, die in den letzten Jahren in der Ornithologie wie-

Abb. 5.1: Kopfporträt des Hausrotschwanzes. Der schlanke Schnabel ist an der Basis abgeflacht und mit recht langen Vibrissen besetzt (Zeichnung F. Weick nach einem Foto von C. Kollinsky).

Tab. 5: Lokomotionstechniken und Substratnutzung beim Nahrungserwerb des Hausrotschwanzes (HR) im Vergleich mit zwei stärker laufaktiven Bodenabsuchern desselben Lebensraumes: Steinschmätzer (STS) und Brachpieper (BRP). Brutzeitdaten aus der Alpinstufe der Sierra Nevada, Süd Spanien (Mittelwerte aus Zamora 1990, 1990a). Der hohe Zeitanteil, der während der Nahrungssuche in/an Sträuchern aufgewandt wird, ist für den Hausrotschwanz eher untypisch und erklärt sich einerseits durch die Dominanz niedriger Ginster- und Wacholderbüsche in der alpinen „Kugelbuschsteppe" der Sierra Nevada, kommt u.U. aber auch durch die Einrechnung der Wartenaufenthalte auf Sträuchern zustande.

Art	**Lokomotionstyp & Geschwindigk.**			**Substratnutzung: Zeitanteil**			**Fangversuche/min**	
	Flug	**zu „Fuß"**	**m/min**	**Luft**	**Boden, Fels**	**Strauch**	**Boden (Luft)**	**Schnee**
HR	87,8 %	12,2 %	18,1	16 %	47 %	37 %	5,1-5,4	45,3
STS	54,6 %	45,4 %	10,1	5 %	79 %	16 %	5,8-6,0	37,8
BRP	4,1 %	95,9 %	8,4	4 %	70 %	26 %	6,7-11,3	60,8

der erhebliche Bedeutung gewonnen haben (z.B. Bairlein 1981, Leisler & Winkler 1991 mit Daten auch über Erdsänger), lassen sich auch für den Hausrotschwanz klare Beziehungen zwischen Körperbau und Jagdweise herstellen.

Im wesentlichen kann man den Hausrotschwanz als Wartenjäger einstufen (Tab. 5 und 6). Das eher passive Lauern auf Insekten von erhöhten, meist zwischen 1.5 bis 5 m hohen Warten (Blöcke, Steine, Felsen, Pfosten,

Tab. 6: Beuterwerbstechniken des Hausrotschwanzes (HR) in Primär- und Sekundärhabitaten im Vergleich zum Steinschmätzer (STS; Primärhabitat). Prozentanteile und Stichprobengröße (in Klammer). + = Modus beobachtet, aber nicht quantifiziert.

Beuteerwerbmodus	**Vierthaler & Winding 1986**		**Zamora 1990**		**Nicolai 1992b**
	HR (152)	**STS (180)**	**HR (1708)**	**STS (1999)**	**HR (??)**
Warte - Boden	48,6	23,9	27,9	21,7	> 25?
Warte - Luft	+	+	18,3	4,6	~20
Bodenabsuchen	49,2	76,1	23,0	58,9	> 25?
Boden-Luftschnappen	2,2	+	?	?	+
Abklauben v. höherer Vegetation	-	-	24,3	13,8	12
Rüttelpicken-Gebüsch	-	-	6,3	0,9	5
Stöbern, Graben u.ä	+	+			+

Zäune, Holzstapel, Dächer; seltener Sträucher oder Bäume), von denen aus ein relativ großes Umfeld kontrolliert wird, ist typisch. Beutetiere werden dabei meist aus Distanz in raschem, wendigen Sturz- oder Bogen-Schnappflug angejagt. Die mittleren Entfernungen zur Beute sind nach Untersuchungen von VIERTHALER & WINDING (1986 und brieflich) sowie NICOLAI (1992b) sowohl im Primär- als auch im Sekundärhabitat meist nur kurz (2-3 m), betrugen aber in der Brutzeit in den Hohen Tauern maximal 10 m, in städtischen Untersuchungsflächen in Ostdeutschland bis 18 m. Bei der Wartenjagd werden am häufigsten geradlinige Sturzflüge auf den Boden mit Rückkehr auf die Warte („perch and pounce" Technik) praktiziert. Regelmäßig werden aber auch Fluginsekten erbeutet („aerial hawk" Technik), obwohl der Luftraum als Beuteerwerbsort von sekundärer Bedeutung ist (Tab. 5, 6; s. auch NICOLAI 1992b). Richtungswechsel des fixierten Objektes kann der Hausrotschwanz beim Anjagen durch rasches Abbremsen, Steigen und Drehen kompensieren und auch aus dem Rüttelflug vermag er plötzlich in Sturzflug abzukippen. Diese Jagdtechniken erfordern also erhebliche Manövrierfähigkeit. Sie wird durch einen langen Schwanz und breite Flügel mit geringer Flächenbelastung stark verbessert. Derartige Merkmalskomplexe sind auch für andere überwiegend flugaktive Wartenjäger und Fluginsektenjäger typisch, wobei Arten, die häufiger „fliegenschnappen", zudem zu Schnäbeln neigen, die an der Basis abgeflacht und mit Vibrissen besetzt sind (LEISLER et al. 1983, LANDMANN & WINDING 1993).

Die langen Läufe und die etwa gleichlangen Innen- und Außenzehen kennzeichnen den Hausrotschwanz aber auch als gut ans Bodenleben angepaßt (RÜGGEBERG 1960, LANDMANN & WINDING 1993). Neben der Wartenjagd beherrscht der Hausrotschwanz auch eine vielseitige Bodenabsuchjagd (Streifjagd). Großteils bewegt er sich am Boden hüpfend fort, obwohl er auch in kurzen Spurts laufend Beute machen kann („dash and jab"-Technik). Bei Bodenvögeln wird Laufen allgemein als Anpassung an festes, mehr oder weniger homogenes Substrat, Hüpfen aber als Anpassung an die Lokomotion auf hindernisreichem oder auch vertikal strukturiertem Substrat (große Hoch-Tief Differenzen) angesehen (z.B. WINDING 1984). In Hochgebirgslebensräumen sind laufend-trippelnde Arten wie die Pieper bei der Nahrungssuche weitgehend auf flache bis mäßig steile Flächen beschränkt, während hüpfende Arten wie der Hausrotschwanz oder die Alpenbraunelle sich auch stärker in steilem, durch Schutt und Blöcke stark gegliedertem Gelände fortbewegen können (WINDING 1984, 1990). Der bevorzugte Aufenthalt bei der Nahrungssuche in solchen Mikrohabitaten (Abb. 4.3, Angaben auch in KNEIS & SPRETKE 1980) ist also auch mit körperlichen Merkmalen in Bezug zu setzen.

5.2 Jagdverhalten in Raum und Zeit

5.2.1 Schnelles Zuschlagen oder ausdauerndes Lauern? Allein oder im Verband?

Der Hausrotschwanz kann seinen Jagdstil sehr individuell den Gegebenheiten anpassen (z.B. Nicolai 1992b, Abb.5.2). Bei der Jagd zu Fuß hat er normalerweise wohl wesentlich größere Beuteaufnahmeraten als bei der Ansitzjagd. Allerdings dürften dabei meist wesentlich kleinere Bodentiere mit relativ geringem Energiewert aufgepickt werden. Urs Glutz v. Blotzheim beobachtete z.B. einen hüpfjagenden Hausrotschwanz, der in 14,5 min 95 mal eine Beute zu fangen versuchte (davon 88 x Picken auf Kleininsekten; Glutz & Bauer 1988). Im Gebirge, z.B. in der Sierra Nevada, nützen Hausrotschwänze opportunistisch die Möglichkeit, auf Schneefeldern zu jagen. Dort sind Insekten gut sichtbar und können u.U. rasend schnell (287 Fangversuche in 6.3 min) und gezielt vom Schnee aufgepickt werden. Die Beute ist aber auch hier überwiegend winzig, in Südspanien waren drei Viertel der Schneefeldarthropoden (vor allem Blattläuse und Mücken) unter 2 mm lang (Zamora 1990a).

Bei der Wartenjagd legt der Hausrotschwanz oft längere Sitzpausen ein, wobei häufiges Kopfdrehen und Körperwendungen die Konzentration und das gezielte Absuchen der Umgebung andeuten. Am Chasseral im Berner Jura schwankten im Herbst die Verweildauern auf Warten zwischen einer halben Sekunde und 5 1/2 Minuten und betrugen im Mittel etwa 20 s (Biber 1984). In der Brutsaison betrug in den Hohen Tauern (Gasteiner Tal) die mittlere Stoppzeit bei der Jagd aber nur etwa 5s (Vierthaler & Winding 1986 und briefl.). Typisch für wartenjagende Hausrotschwänze ist auch der häufige Wechsel von Warte zu Warte, der oft nur wenige Meter, z.T. aber auch Dutzende oder mehr als 100 m betragen kann. In der Sierra Nevada wech-

---

Abb. 5.2: Beim Beuteerwerb setzen Hausrotschwänze unterschiedlichste Bewegungsweisen und Strategien ein. A: Von erhöhten Warten aus wird der Boden sorgfältig mit leicht geneigtem Kopf nach Gliederfüßlern abgesucht, die dann in raschem Sturz erbeutet werden. B: Flugschnappjagden werden meist von einer Warte aus gestartet und führen im Bogen wieder zur Warte zurück. C: Im Rüttelflug können Beutetiere vor Felsen oder Gehölzen erhascht, oder Beeren von Büschen abgenommen werden. D: Bei der Bodenjagd wird entweder nach kurzem Spähen in schnellem Spurt zugestoßen, oder es werden kleinere Beuteobjekte aufgepickt. E: Gestützt auf seinen Schwanz und mit den Krallen in Ritzen festgeklammert, kann der Hausrotschwanz auch von senkrechten, rauhen Felsen oder Hauswänden Beute abklauben (Zeichnungen F. Weick: A nach einem Foto von C. Kollinsky, B-E aus Glutz & Bauer 1988).

A
B
C
D
E

selten z.B. jagdaktive Hausrotschwänze im Mittel 20 mal pro Stunde den Aufenthaltsort, während z.B. Steinschmätzer dies nur 10 mal pro Stunde taten (Zamora 1990). Das lange Verweilen auf Warten und der häufige Wartenwechsel gibt durchaus Sinn und kann als Strategie zur Erhöhung der Effizienz des Beuteerwebs betrachtet werden. Einerseits wird in den meist offenen, z.T. nur lückig mit Vegetation bedeckten Nahrungshabitaten die Dichte an größeren Beuteobjekten, für die sich ein längeres Warten vor allem lohnt, oft nicht allzu groß sein. Andererseits kann man sich vorstellen, daß mobile, größere Insekten wie Schnaken, Schmetterlinge und Käfer bei fortgesetzten Fangversuchen an einer Stelle auch stärker abgeschreckt werden und sich verbergen.

Möglicherweise sind derartigen Faktoren auch dafür verantwortlich, daß Hausrotschwänze normalerweise solitär jagen und nur bei Massierungen von Beute (wie z.B. an Flußufern) kurzfristig in lockeren Verbänden Nahrung suchen. Für einen Wartenjäger, der Beute auf größere Distanzen anjagt, wird schon ein Artgenosse in relativ großer Distanz zum Konkurrenten, der Beute vertreibt oder abschreckt (Andersson 1981, Moreno 1984).

Der Hausrotschwanz ist aber andererseits durchaus in der Lage, solche Aufschreckeffekte auszunützen. So schildert der Schweizer Ornithologe Rolf Hauri einen interessanten Fall von Kommensalismus. An den Molassefelsen des bernischen Mittellandes folgt der Hausrotschwanz manchmal dem Mauerläufer, von dem er sonst an Brutfelsen öfters attackiert wird, um die vom Mauerläufer mit seinem langen Schnabel aus Felsritzen aufgescheuchten Insekten in der Luft zu schnappen (Hauri 1978, 1988). An Felsen und anderen senkrechten Strukturen kann sich der Hausrotschwanz aber auch geschickt mit seinen schlanken, langen Zehen und Krallen festkrallen und abgestützt auf seinen langen Schwanz inaktive Insekten oder Spinnen aufpicken (Abb. 5.2E). Im Siedlungsraum kann dieses wohl im Primärhabitat erworbene Verhalten besonders in Schlechtwetterperioden an den durch ihre Wärmeabstrahlung für Insekten besonders attraktiven Hauswänden von erheblichem Wert sein. Ähnlich opportunistisch kann der Hausrotschwanz auch die anziehende Wirkung von Straßenlaternen und Lampen auf Insekten nutzen und in deren Lichtschein noch spätabends oder frühmorgens jagen (z.B. Nicolai 1992b mit weiterer Literatur und weiteren Details zum Nahrungserwerb).

5.2.2 Diurnale Dynamik: Jagen bei Dämmerung oder Sonnenschein?

Während Insektenfresser, die, wie z.B. Mönchsgrasmücke oder Rotkehlchen, ihre Beute vor allem von der Vegetation abklauben (gleaning), dann mit größter Effizienz nach Nahrung suchen, wenn die Beute inaktiv und z.B. durch niedrige Temperaturen immobilisiert ist, sollte ein Wartenjäger wie der Hausrotschwanz, der vor allem mobile Gliederfüßler erbeutet, bei höheren Umgebungstemperaturen am effizientesten jagen und daher tageszeitlich später eingenischt sein (z.B. Hutto 1981, Brensing 1989).

Dies ist in der Tat der Fall (Abb. 5.3). Die Zusammenstellung mit unterschiedlicher Methodik gewonnener Daten aus drei Gebieten unterschiedlicher Höhenlage und Struktur zeigt grundsätzlich, trotz einiger methodisch und z.T. durch den Stichprobenumfang bedingter Unsicherheiten, daß der Hausrotschwanz relativ spät am Tag Aktivitätshöhepunkte hat. Sowohl im Bruthabitat in Mittelgebirgslagen Tirols als auch am Rastplatz am Bodensee gipfelte die Registrier- bzw. Fangeffizienz am späteren Vormittag (9-11 Uhr) und ließ gegen Mittag nach. Die besonders in der Mettnau (auch in anderen Monaten s. Brensing 1989) starke Aktivität in den frühen Morgenstunden ist vermutlich auf Ortswechsel im Zusammenhang mit dem Ausklingen des Nachtzuges zurückzuführen, denn im Herbst wird der Hausrotschwanz vor

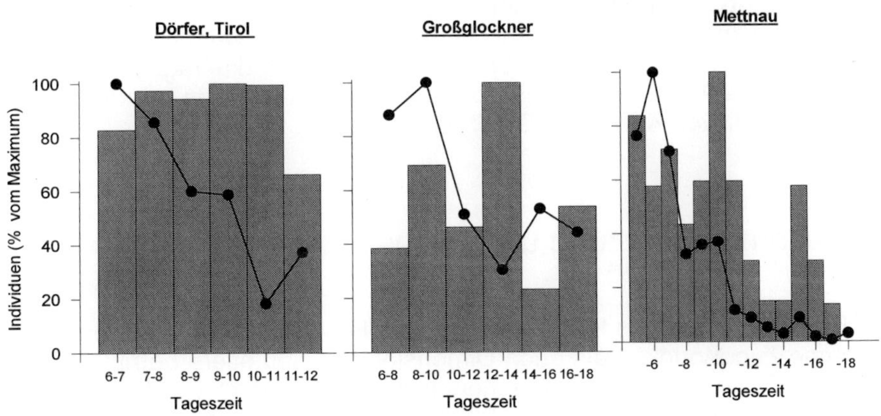

Abb. 5.3: Tageszeitliche Aktivitätsschwerpunkte beim Wartenjäger Hausrotschwanz (Balken), im Vergleich mit anderen insektivoren, aber überwiegend vom Substrat abklaubenden Arten (Kurven v.l.n.r.: Mönchsgrasmücke, Wasserpieper, Rotkehlchen). Daten aus dem Spätsommer. Links: Registriereffizienz bei 3 min Kleinflächentaxierungen in Montandörfern Tirols. Standardisierte Summenwerte aus 1452 Vormittagstaxierungen zwischen 5. 8 und 28. 9. 1982/83. A. Landmann Original (Stichprobengröße, n-Total, n-max: Hausrotschwanz 475, 88; Mönchsgrasmücke 147, 41). Mitte: Frequentierung einer alpinen Probefläche am Großglockner im Laufe des Tages (15. 8. - 5.10. 1980). Nach Winding 1984, verändert (n Hausrotschwanz = 44, 13; n Wasserpieper = 1078, 294). Rechts: Tageszeitliches Fangmuster auf der Mettnau am Bodensee. Summenwerte 1.8.-2.9. 1974-1983. Nach Brensing 1989, verändert (n Hausrotschwanz = 44, 7; n Rotkehlchen = 248, 58).

allem in den ersten 2-4 Vormittagsstunden ziehend beobachtet (GLUTZ & BAUER 1988, Abb.9.3). Im Hochgebirge dauert die Erwärmung länger und viele Gebirgsinsekten erreichen ihren Aktivitätsschwerpunkt erst um oder nach Mittag (MC CALL & PRIMACK 1992, TOTLAND 1994). Dazu paßt der späte Nachweisgipfel am Großglockner (Abb. 5.3) und der Umstand, daß der Hausrotschwanz auch am Chasseral im Berner Jura in der zweiten Tageshälfte intensiver Nahrung suchte (BIBER 1984).

Unter günstigen Bedingungen kann der Hausrotschwanz, wie erwähnt, sowohl im Herbst als auch zur Brutzeit auch noch in der Abenddämmerung oder sogar in der Nacht an Straßenlaternen Nahrung suchen (GLUTZ & BAUER 1988, NICOLAI 1992b). Für eine erfolgreiche Jungenaufzucht bleibt dem Hausrotschwanz während der Brutzeit wohl nichts anderes übrig, als von früh bis spät die hungrigen Schnäbel zu stopfen. Nach Beobachtungen von MACKRODT (1973) fütterte ein Weibchen zwischen Ende Juni bis Anfang Juli schon ab 3.35 h, also eine halbe Stunde vor Sonnenaufgang und am Abend bis 15 min nach Sonnenuntergang (21.03 h). Man darf annehmen, daß gerade bei den frühmorgendlichen Beutezügen die aktiven Absuchtechniken zu Fuß eine besondere Rolle spielen. Tatsächlich zeigen Mageninhalte von Hausrotschwänzen, die am Morgen und Abend erlegt wurden, hohe Mengenanteile an relativ immobilen Larven, während um die Tagesmitte nicht nur die höchste Artenvielfalt an Beutetieren festgestellt wurde, sondern auch der hohe Anteil von Käfern auffällt (NICOLAI 1992b).

5.3 Zusammensetzung und Auswahl der Nahrung

Das Beutespektrum des Hausrotschwanzes ist vielfältig, sowohl was taxonomische Zugehörigkeit als auch Dimension der Beutetiere betrifft. Insgesamt umfaßt es nach den Zusammenstellungen bei MENZEL 1986, GLUTZ & BAUER 1988, CRAMP 1988, NICOLAI 1992b und diversen Einzelveröffentlichungen, Vertreter aus mindestens zehn Ordnungen und über 50 Familien der Insekten (vgl. Tab. 7), verschiedene Spinnenfamilien (vor allem Webspinnen, Weberknechte) und verschiedene Taxa weiterer, vor allem bodenbewohnender Arthropoden (Asseln, Tausendfüßler und Hundertfüßler) und Schnecken. Daneben wurde die fakultative Aufnahme von Vegetabilien (vor allem Beeren), die insgesamt etwa 20 Pflanzenfamilien und über 30 verschiedenen Arten zugehören, beschrieben. Flexibilität beim Nahrungserwerb und relativ geringe Spezialisierung sind beim Hausrotschwanz sicher auch wesentliche Voranpassungen an die Ressourcensituation der Primärlebensräume, denn in offenen Hochgebirgshabitaten herrschen starke tageszeitliche und saisonale Schwankungen im Angebot und räumliche Heterogenität in der Verteilung von Nahrung. Schnelles opportunistisches Ausnützen kurzfristig verfügbarer Nahrung (z.B. auf Schneefeldern im Gebirge, Beerensträucher in Siedlungen) und Optimierung der Futterbeschaffung für die Nestlinge (z.B. CARLSON & MORENO 1985 für den Steinschmätzer) sind daher auch beim Hausrotschwanz, sowohl in Primär- als auch Sekundärhabitaten, beschrieben worden (ZAMORA 1990, NICOLAI 1992 a, b) oder zu erwarten.

Natürlich gibt es auch Vorlieben für bestimmte Beute und Beutedimensionen, die z.B. vom Schnabelbau sowie von der Mobilität und den Habitatpräferenzen der Beutetiere abhängen. Relativ kleine Insekten, die ohne große Umständlichkeit mit dem schlanken Schnabel erfaßt und verschlungen (verfüttert) werden können, überwiegen daher im Beutespektrum. In Ostdeutschland ernährt sich der Hausrotschwanz z.B. zur Brutzeit überwiegend von 2-6 mm großen Insekten, und von über 4000 Beutetieren war nur eine Raupe mehr als 35 mm lang (NICOLAI 1992 a, b). Nestlinge in Thüringen wurden mit durchschnittlich 10,7 mm (2-28 mm) großen Beutetieren gefüttert (MEY 1974), und auch im Winterquartier in lichten Steineichenwäldern Südwestspaniens, waren die meisten Beutetiere nur 2-8 mm lang (HERRERA 1978). Daneben kann der Hausrotschwanz aber auch mehrere cm lange Schmetterlingsraupen und bis zu 7 cm lange Regenwürmer erbeuten. Derartig große Beutetiere werden vor dem Verzehr bzw. der Verfütterung offenbar meist gequetscht, weichgeklopft oder zerstückelt. Bei der Betrachtung der Daten in Tab. 7 fallen generelle Präferenzen für bestimmte Insektengruppen, aber auch interessante geographische Unterschiede sowie Differenzen zwischen der Nestlings- und Altvogelnahrung auf. Die Hauptnahrung besteht allgemein aus Käfern, Schmetterlingen (vor allem Raupen), Dipteren (häufig auch als Larven) und Ameisen. Regelmäßig tauchen in den Nahrungslisten auch Spinnen, Ohrwürmer, Wanzen und Heuschrecken auf, wobei letztere möglicherweise in Südeuropa eine größere Bedeutung haben. Insgesamt überwiegen also aktiv am Boden oder über offenem Substrat laufende Formen. Unter den Käfern sind Rüsselkäfer bemerkenswert häufig vertreten, in Ostdeutschland sind sie nach Präsenz und Masse nach der Einstufung von BERND NICOLAI sogar die wichtigste einzelne Beutetiergruppe, gefolgt von Wanzen (NICOLAI 1992b mit vielen weiteren Details auch über saisonale Unterschiede). Mit den Weichkäfern ist auch eine Gruppe von überwiegend in der Vegetation sitzenden, aber stark flugaktiven Käfern mehrfach gut vertreten (Tab. 7).

Von erheblichem ökophysiologischem Interesse ist die Aufnahme von Beeren, die beim Hausrotschwanz, wie bei vielen anderen Insektenfressern, im Spätsommer und Herbst regelmäßig vorkommt. Die Bedeutung von Beeren für primär insektivore Arten ist umstritten. BERTHOLD (1976) schließt aus Fütterungsversuchen, daß Beeren im Sommer und Herbst vor allem wegen ihrer leichten Erreichbarkeit und wegen des guten Angebotes

Tab. 7: Zusammensetzung der Hausrotschwanznahrung in Mittel-, Südost- und Südwesteuropa. N Total = Gesamtzahl der jeweils zugeordneten Futterobjekte; n % bzw. Vol% = Zahlenanteile bzw. Volumsanteile in %. ++ Schwerpunkt innerhalb einer Übergruppe. Vor allem Nestlingsnahrung (Halsringmethode). Magenanalysen: Altvögel-Brutzeit: NICOLAI 1992b; Winternahrung: HERRERA1978. MUNTEANU 1965 und SOLER et al. 1983 zit. nach Angaben in GLUTZ & BAUER 1988.

Taxonomische Gruppe	Hessen	Thüringen	Ostdeutschland	Ungarn	Rumänien	Südspanien	Südspanien
	MACKRODT	MEY	NICOLAI	RÉKÁSI	MUNTEANU	SOLER et al.	HERRERA
	1972	1974	1992b	1991	1965	1983	1978
N Total	136	229	4269	1537	339	165	709
	n%	n%	n% / Vol %	n %	n % / Vol %	n %	n %
INSEKTEN							
Imagos indet.	27,9		0,7 / +				
Raupen, Larven indet.	10,3		4,1 / 19,4		?	4,2	3,2
Orthoptera- Heuschrecken, Grillen	0,7	0,4	0,1 / 1,6	1,2	2,9 / 12,8	3,6	1,0
Dermaptera- Ohrwürmer	1,5	0,4	0,4 / 1,1	0,3			3,5
Rhynchota - bes.Wanzen, Blattläuse		7,4	6,0 / 13,1	0,1			2,7
Lepidoptera- Schmetterlinge	13,2	23,1		6,7	18,8 / 28,3		
Planipennia- Netzflügler	2,2	0,4	0,1 / 0,1				
Diptera- Zweiflügler	5,1	11,8	1,5 / 5,9	6,1	2,4 / 0,25		0,6
- Mücken i. w. Sinn	(0,7)	(1,3)		(2,5)			
- Fliegen i. w. Sinn	(4,4)	(10,5)		(3,6)			
Hymenoptera- Hautflügler	2,2	11,4	54,8 / 11,3	64,1	0,3/ 0,03	25,4	54,8
-Ameisen	(0.7)	(4,0)	(51,9 / 7,6)	(45,0)		++	(54,8)
Coleoptera-Käfer	5,9	34,1	31,0 / 42,8	19,9	63,4/51,9	60	31,7
-Cantharidae- Weichkäfer		(28,3)	?		++/ ++		
-Curculionidae-Rüsselkäfer		(3,5)	(13,2)/(13,7)	(6,1)			++
-Carabidae-Laufkäfer		(2,2)	(2,2) / (8,6)	(7,8)		++	
SPINNEN, WEBERKNECHTE	2,2	9,6	0,9 / 2,3	1,4	9,7 / 5,7	4,8	1,4
SONSTIGES (bes. Arthropoda)	3,7	1,7	0,6 / 2,1	0,3	2,4 / 1,0		
BEEREN	34,5		++				

aus ökonomischen Gründen als Zusatznahrung genommen werden, aber wegen des geringen Proteingehaltes kaum von essentieller Bedeutung, z.B. für die Mauser oder Zugvorbereitung (Depotfettbildung) sind. Neuere Untersuchungen (z.B. BAIRLEIN 1990, SIMONS & BAIRLEIN 1991) weisen hingegen darauf hin, daß vor allem der hohe Lipidgehalt und spezifische Pflanzeninhaltsstoffe mancher Beeren physiologisch bedeutsam sein können. In den Nahrungslisten des Hausrotschwanzes tauchen zwar auch einige besonders lipidreiche Beeren (z.B. Efeu, Hartriegel, *Lonicera*-Arten) auf, eine Bevorzugung für solche Früchte kann aber aus den vorliegenden, eher anekdotischen Daten nicht abgeleitet werden. Bei Gelegenheit werden auch relativ lipid- und energiearme Beeren des Seidelbasts oder auch rote Johannisbeeren kurzfristig eifrig geerntet und auch an späte Jungvögel gefüttert (BUB 1980, MÜHLHÄUSSER 1980; bzw. MACKRODT 1972, ANDERSSON 1990, NICOLAI 1992b, s.Tab.7). Insgesamt dürfte der Hausrotschwanz nach meiner Einschätzung die meisten Beeren wohl eher opportunistisch als Zusatznahrung nehmen, diese also kaum essentiell zu Fitness beitragen (vgl. auch Daten bei BRENSING 1977). Größere Bedeutung hat zumindest regional wohl nur der Schwarze Holunder, der z.B. in Ostdeutschland im Sommer und Herbst in 80% der Hausrotschwanz-Mägen gefunden wurde (NICOLAI 1992b). Inwiefern Beeren aber z.B. für Jungenaufzucht, Mauser, Zugvorbereitung oder Überwinterung wirklich wichtig sind, bleibt zu untersuchen und fraglich.

Nach Untersuchungen von BAZIEV (1970) zeigt der Verdauungstrakt des Hausrotschwanzes jedenfalls Anpassungen an die fast ausschließlich insektivore Ernährung. Im Vergleich zu dem im Winterhalbjahr vor allem beerenfressenden Riesenrotschwanz (*Ph. erythrogaster*), hat der Hausrotschwanz eine wesentlich größere Leber, welche die für die Verdauung animalischer Nahrung nötigen proteolytischen Enzyme liefert. Außerdem hat der Hausrotschwanz offenbar einen besonders großen und kräftigen Drüsenmagen (Proventriculus), was als Anpassung an relativ chitinreiche Insektennahrung (vor allem Käfer - s. Tab.7) gedeutet wird.

6 Revier und Territorialität: Generationenkonflikte

6.1 Reviergründung

Der Zeitpunkt der Reviergründung hängt im wesentlichen von vier Faktoren ab: vom Breitengrad, von der Höhenlage, vom Alter der Vögel und in gewissem Maß auch vom Witterungsverlauf (z.B. NESENHÖNER 1956; Abb. 6.1). Im südlichen Mitteleuropa liegen zwar die durchschnittlichen Erstankunftsdaten etwa zwischen 15. und 25. März, die Reviergründungen innerhalb einzelner Lokalpopulationen ziehen sich aber über einen längeren, bis zu 6 (8) Wochen dauernden Zeitraum hin. In der Regel sind frühestens Ende März, meist aber erst um das Ende der ersten Aprildekade 50 % der Reviere besetzt (Abb. 6.1). In Südschweden, also am Nordrand des Areals, liegen die Verhältnisse ähnlich; allerdings liegen die Erstankunftsdaten etwa drei Wochen später. In Göteburg lag der mittlere Ankunftstermin der mehrjährigen Männchen am 21. April (ANDERSSON 1987, Abb. 6.1B). Für Sachsen-Anhalt

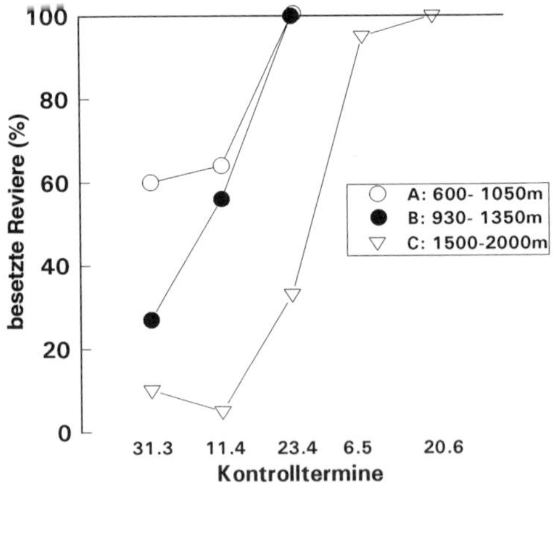

Abb. 6.2: Verlauf der Besiedlung dreier Transektabschnitte unterschiedlicher Höhenlage im Tiroler Sellraintal durch Hausrotschwanz-Männchen (1990). Anteile besetzter Reviere pro Kontrolltermin mit Bezug zur Zahl schlußendlich besetzter Reviere ($n_A = 34$, $n_B = 51$, $n_C = 25$). Original nach Daten in KOLLINSKY 1993.

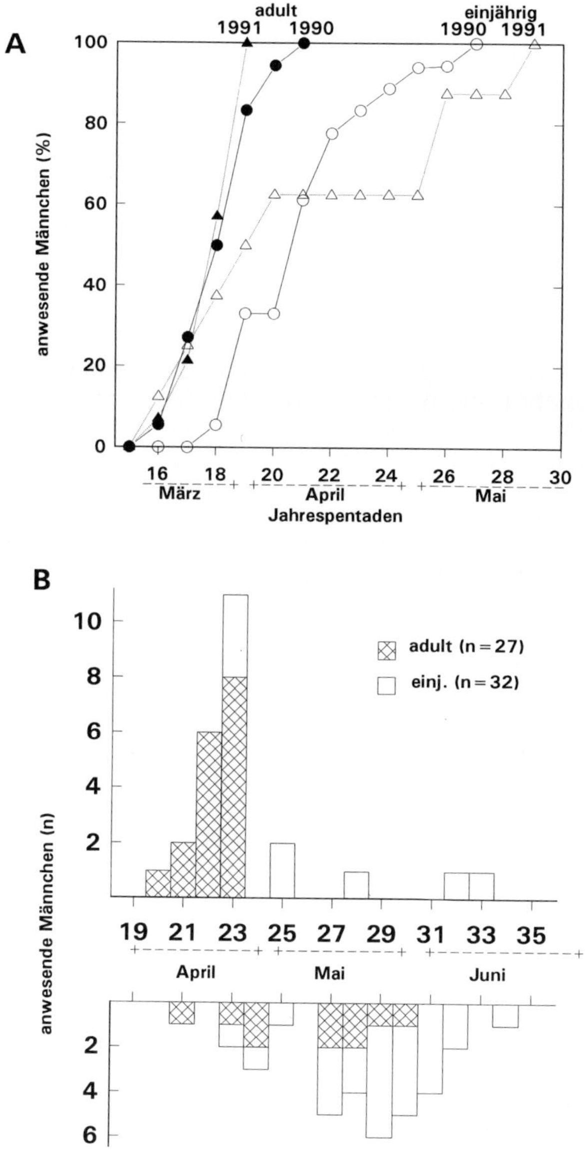

Abb. 6.1: Zeitlicher Ablauf der Revierbesetzung mehrjähriger und einjähriger Hausrotschwanz-Männchen in Tirol und in Südschweden.

A) Tirol (Dörfer Rinn und Tulfes 1990, 1991): Prozentsatz (bezogen auf den späteren Gesamtbestand) der pro Pentade anwesenden Männchen einer Altersgruppe (n adult 1990 = 16, 1991 = 18; n-einj. 1990 = 14, 1991= 8). Nach KOLLINSKY 1993, verändert.

B) Göteburg, Schweden (1983-1986): Zahl der pro Pentade ankommenden Männchen beider Altersgruppen im Vergleich zum späteren Brutstatus. Oben: Brüter, Unten: Nichtbrüter. Aus ANDERSSON 1987, verändert.

und Magdeburg ermittelte NICOLAI (1992c) den 5. bzw. 6. April als mittleren Revierbesetzungstermin.

Im Alpenraum und in anderen stärker vertikal gegliederten Gebieten muß aber auch der Einfluß der Höhenlage berücksichtigt werden. CHRISTIAN KOLLINSKY hat in seiner Diplomarbeit den Besiedlungsverlauf entlang eines Transektes kontrolliert, der vom Tiroler Inntal (600m) durch das Sellraintal bis in die Alpinstufe, hinauf in das Skidorf Kühtai (2000m) führte. Ende März hatten in den unteren Lagen bereits über 50% der später anwesenden Männchen ein Revier besetzt, in den mittleren Lagen erst 27% und in den Hochlagen nur 10% (Abb. 6.2). In der letzten Aprildekade war die Besiedlung in den beiden unteren Transektabschnitten abgeschlossen, während in der Subalpinstufe erst Anfang Mai ein Großteil der Reviere besetzt war. Die höchsten Abschnitte des Transekts waren zu diesem Zeitpunkt erst teilweise besiedelt. Dort trafen die restlichen Männchen zwischen 7.- 20. Mai ein.

Im Gebirge liegt zum Zeitpunkt der Revierbesetzung im April und Mai meist noch Schnee, und kräftige Schneefälle sind jederzeit bis weit in den Spätfrühling hinein zu erwarten. Die verspätete Revierbesetzung und die harschen Umweltbedingungen in den Hochlagen können natürlich Auswirkungen auf die Revierqualität und auf den Gesamtfortpflanzungserfolg haben, da die Möglichkeiten für Zweit- und Ersatzbruten eingeengt sind. Das hat zu Spekulationen geführt, daß die Reviere, je nach Status bzw. Alter der Revierbesitzer, ungleich über einzelne Höhenstufen verteilt sein könnten (VERBEEK 1984, SACKL & RAUER 1987). Für die Stichhaltigkeit dieser Hypothese haben wir selbst aber bisher keine Hinweise gefunden (KOLLINSKY & LANDMANN 1996; Details unter 6.4.2).

Innerhalb einer Population sind aber Spätankömmlinge sicher eher benachteiligt, vor allem wenn z.B. das Angebot an Weibchen oder geeigneten Revieren und Nistplätzen limitiert ist. Wie bei vielen anderen Singvogelarten, kommen auch beim Hausrotschwanz die jungen Männchen später im Bruthabitat an (Abb. 6.1) und haben damit im Generationenkampf bereits einen erheblichen Nachteil. In Göteburg trafen nach den Untersuchungen von REINO ANDERSSON (1987; Abb. 6.1.B) die jungen Männchen signifikant später ein als alte Männchen (mittlerer Ankunftstag 18. Mai gegenüber 21. April). Auch in unseren Tiroler Dörfern unterschieden sich die Revierbesetzungdaten der beiden Altersgruppen deutlich. Alte Männchen kamen im Schnitt ein bis zwei Wochen vor den jungen Männchen an. Im Mittel aller Jahre waren z.B. am 10. April etwa 65 % der adulten, aber nur 36 % der braunen *cairei* Männchen in ihren Revieren ($P < 0.001$, χ^2 Test), während junge Männchen im Fortschrittskleid etwas früher einzutreffen scheinen und sich in ihrem Ankunftsmuster nicht von mehrjährigen unterschieden (LANDMANN & KOLLINSKY 1995). Auch in Tirol, wie in Schweden, hatten Unterschiede im Zeitpunkt der Revierbesetzung Auswirkungen auf die Verpaarungsrate und den Bruterfolg (LANDMANN 1987, LANDMANN & KOLLLINSKY 1995; Kap.6.4.3.). Festzuhalten ist aber, daß es in allen Jahren erhebliche Überschneidungen gibt und durchaus auch junge braune Männchen frühzeitig Reviere besetzen. Dies ist vor allem auch deshalb interessant, weil es Thesen gibt, wonach bei Singvögeln die jungen Männchen sozusagen absichtlich später ankommen, um damit gefährliche Auseinandersetzungen um Reviere mit dominanten alten Männchen zu vermeiden (HILL 1989, MORTON & DERRICKSON 1990). Nach unseren Ergebnissen dürfte ein solches Szenario beim Hausrotschwanz aber unwahrscheinlich sein, denn die Frühankömmlinge unter den jungen Männchen haben gegenüber später ankommenden Tieren insgesamt deutliche Vorteile (LANDMANN & KOLLINSKY 1995, s. auch Abb. 6.1B und Daten in ANDERSSON 1995).

Von Jahr zu Jahr schwankt nicht nur der Zeitpunkt der Revierbesetzung, sondern auch die Differenzen zwischen alten und jungen Männchen sind verschieden groß (Abb. 6.1.A). In Tulfes und Rinn lagen z.B. 1990 die Mediane der Revierbesetzung beider Altersgruppen 15 Tage auseinander, 1991 jedoch nur fünf Tage.

Derartige Schwankungen haben wohl auch mit Wettereinflüssen zu tun. 1991 war der März besonders warm, und möglicherweise erleichtern milde Frühjahrsbedingungen den unerfahrenen Jungvögeln, die vielleicht auch beim Hausrotschwanz (wie beim Blaukehlchen; ELLEGREN 1991) „schlechtere" Zieher sind, die frühere Ankunft.

6. 2 Revierabgrenzung

6.2.1 Singwarten

Die Hausrotschwanz-Männchen besetzen unmittelbar nach der Ankunft im Bruthabitat ein zuerst wohl möglichst großes, gut situiertes Revier, aus dem jeder andere männliche Artgenosse vertrieben wird. Für die Behauptung des Territoriums und für das Anlocken der Weibchen ist aber die möglichst auffällige Präsenz des (singenden) Männchens entscheidend und meist wohl ausreichend. Da Signale möglichst wirkungsvoll an den Mann oder an die Frau gebracht werden sollen, ist die Position des „Senders" beim Singen entscheidend. Man kann daher annehmen, daß gerade in weiten, offenen, baumlosen und relativ strukturarmen Lebensräumen ein starker Selektionsdruck auf Optimierung der Signalabstrahlung herrscht. Viele Offenlandvögel, wie z.B. Pieper und Lerchen haben dazu Singflüge entwickelt. Eine zweite Möglichkeit hat der Hausrotschwanz realisiert: sorgfältige Selektion der Singwarten.

Hausrotschwänze bevorzugen ganz bestimmte, möglichst übersichtlich und hoch gelegene Singplätze. In der Alpinstufe der südspanischen Sierra Nevada z.B. zeigten zwar alle Singvogelarten Präferenzen für möglichst hoch gelegene Singwarten, der Hausrotschwanz war aber von allen Arten am selektivsten und bevorzugte die höchsten Warten. Im Gegensatz zu Mitbewohnern wie Zaunkönig, Zippammer, Hänfling oder Steinschmätzer, bei denen auch Strauchspitzen als Singwarten eine größere Rolle spielen, sangen Hausrotschwänze ganz überwiegend (86.4 % von 66 Fällen) auf Felsen oder Blöcken (Zamora 1991a). Interessant ist, daß in 19 Hausrotschwanz-Revieren gezielt die höchsten jeweils verfügbaren Felsen als Singwarten gewählt wurden (Abb. 6.3.A). Diese für einen überwiegend am Boden Nahrung suchenden Singvogel ungewöhnliche Bevorzugung besonders hoher, auffälliger Singposten, hat der Hausrotschwanz auch im Sekundärbiotop beibehalten (Abb.6.3B). Um eine erste Übersicht über die bevorzug-

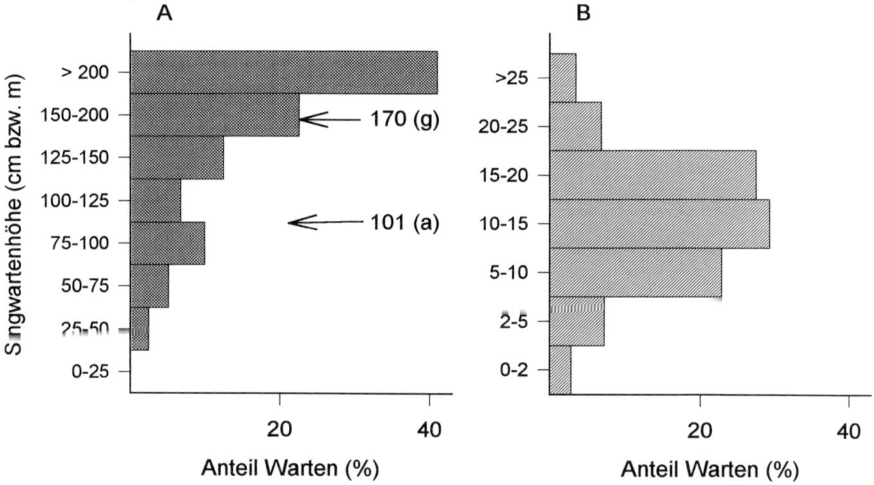

Abb. 6.3: Höhenverteilung der Singwarten des Hausrotschwanzes im Primärhabitat und im Siedlungsraum.

A: Alpinstufe Sierra Nevada, Spanien (n = 66). Pfeile und Zahlen geben den Median der tatsächlich genutzten Singwartenhöhen (g) im Vergleich mit dem Angebot im Umkreis von 6 m um die Singwarte an (a = Median der höchsten potentiellen Singwarte). Die vom Hausrotschwanz ausgewählten Singwarten waren signifikant höher als die höchste andere Warte in der Umgebung. Aus Zamora 1991, verändert. B: Magdeburg & Halberstadt (n= 1018). Original nach Daten von B. Nicolai (brieflich).

ten Singwarten im Siedlungsraum zu erhalten, haben Harald Hörmann und ich in sechs Dörfern Daten über die Singwarten gesammelt. Unsere in Abb. 6.4 grob schematisiert dargestellten Ergebnisse bestätigen die Vorliebe für möglichst hoch gelegene und freie Sicht gewährende Singplätze. So bevorzugen auf Hausdächern singende Hausrotschwänze die besonders übersichtliche Giebelspitze deutlich gegenüber Firstkanten oder Dachschrägen. Auf den ebenfalls sehr beliebten Leitungen oder Antennen singende Hausrotschwänze, streben vielfach auch hier die höchstmöglichen Punkte an. Bei 56 Singwarten auf Antennen saß das Männchen z.B. 52 mal (93%) am höchsten Punkt oder auf dem höchsten Antennenast ! Auch Kirchturmspitzen und Dächer der Kirchenschiffe werden überproportional häufig benutzt. Nesenhöner (1956) betont, daß der Hausrotschwanz nie in bzw. auf Bäumen singt. Obschon diese Verallgemeinerung in der Folge mehrfach in der Literatur übernommen wurde (z.B. Menzel 1983, Cramp 1988), trifft sie keineswegs zu. Schon Otto Kleinschmidt (1903) hält fest: „Auf Bäumen singen alle Rotschwänze gerne, wenn Form, Standort und Höhe des Baumes ihnen bequem ist". Die eigenen Daten, aber auch Beobachtungen anderer Ornithologen (z.B. Seitz 1989, Nicolai briefl.) zeigen, daß Hausrotschwänze durchaus regelmäßig auf Bäumen, vor allem auf Baumspitzen, singen, wenngleich diese kaum als Hauptsingwarten dienen. In unseren Dörfern entfielen z.B. ca. 10 %, in Magdeburg und Halberstadt sogar 16,3 % (Nicolai briefl.) aller Einzelregistrierungen singender Männchen auf Bäume. Der Nutzen,

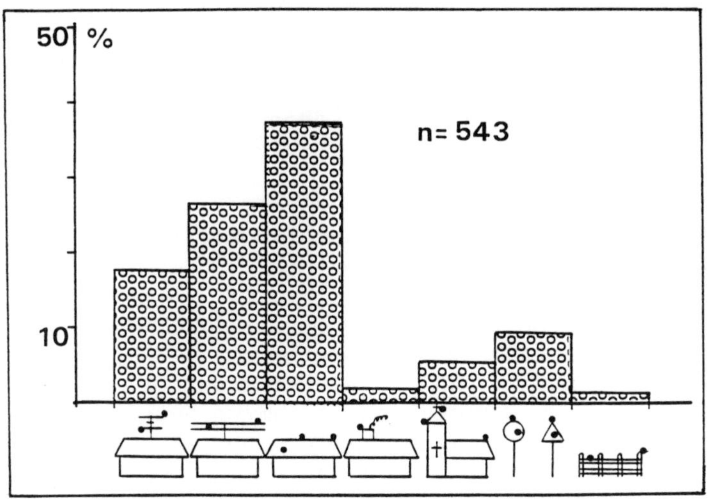

Abb. 6.4: Singwarten und Singwartepräferenzen des Hausrotschwanzes in Montandörfern Tirols (aus Landmann 1987).

Abb. 6.5. Hausrotschwänze singen meist von einer erhöhten Singwarte aus, hier einem Dachfirst. Zeichnung: F. Weick nach verschiedenen Vorlagen.

den eine hohen Singwarte bietet, reicht also aus, um die angestammte Abneigung gegen Bäume zu überwinden.

Das Angebot an auffälligen Singwarten dürfte also beim Hausrotschwanz für die Revierwahl ein mindestens ebenso wichtiges Kriterium darstellen, wie etwa das Nistplatzangebot (vgl. dazu Angaben bei Nesenhöner 1956, Senk 1962, Zamora 1991a, Andersson 1995). Fast jeder Revierbesitzer verfügt über eine oder mehrere Hauptsingwarten und benützt daneben unregelmäßiger Nebensingwarten, die auch eine zentrale Rolle als Grenzmarken gegen Nachbarreviere spielen und öfters auch Ausgangspunkt für die Wartenjagd sind (Nesenhöner 1956).

6.2.2 Schweigen ist Silber, Singen (nicht immer) Gold: Gesangsintensität und Aktivität

Der Hausrotschwanz gehört zu den eifrigsten heimischen Sängern und ist ein ausgesprochener Frühaufsteher. Der Gesang setzt konstant etwa eine Stunde, ja mitunter fast zwei Stunden vor Sonnenaufgang ein, wobei z.B. in Frankfurt am Main als Dämmerungsreizschwelle eine Lichtintensität von nur 0,3 Lux ermittelt wurde (Scheer 1950). Besonders am Beginn der Brutperiode, in der Anpaarungs-, Nestbau-und Legephase kann der Hausrotschwanz mit kleinen Pausen bis in die späte Abenddämmerung, fallweise sogar bis in die Dunkelheit fast ununterbrochen fortgesetzt singen (Abb.6.6.); vereinzelt sind Strophen auch mitten in der Nacht zu hören.

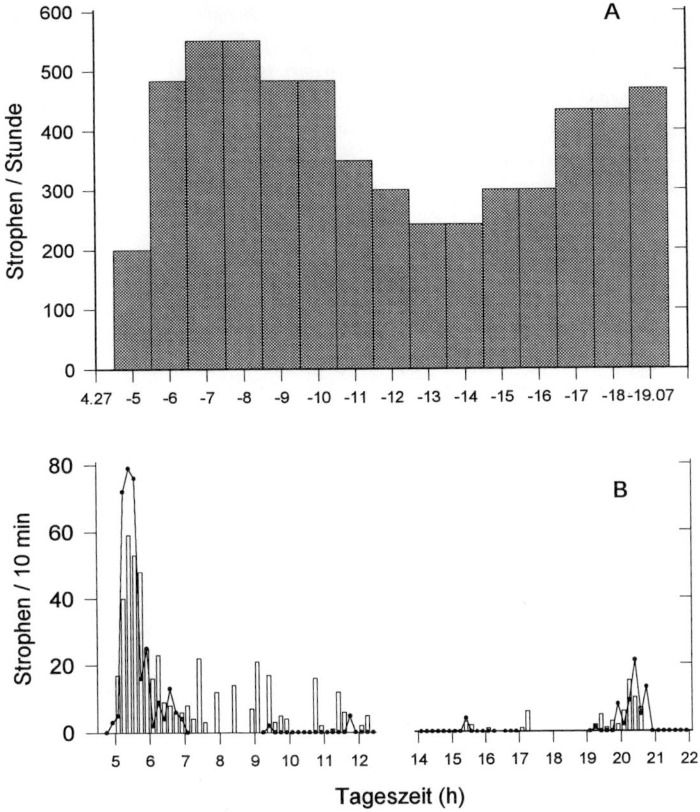

Abb. 6.6: Diurnale Dynamik der Gesangsaktivität beim Hausrotschwanz.
A: Anpaarungsphase. Mehrjähriges Männchen, Helpup/Westfalen 7.4. 1950. Weibchen seit fünf Tagen im Revier. Nach NESENHÖNER 1956, verändert.
B: Nestbau-/ Eiablagephase. Mehrjähriges Männchen, Axams / Tirol 22.-24.4. (Balken, Mittelwerte) und 4. 5.1986 (Punkte). Weibchen seit mindestens 24.4., wahrscheinlich aber seit Mitte April im Revier. Zählpausen: 12.30 bis 14h, 17.30 bis 19h. Original nach Daten von H. HÖRMANN.

In Helpup/Westfalen notierte HERMANN NESENHÖNER (1956) am 7. April bei einem Männchen Gesangsaktivität über 14 $^{1/2}$ Stunden, wobei kaum Pausen eingelegt wurden und sich die reine Gesangszeit auf etwa 6$^{1/4}$ Stunden mit 5647 Einzelstrophen belief (Abb. 6.6 A). Auch RUTHKE (1941) schätzt die durchschnittliche Tagessumme auf über 5000 Strophen und errechnet für einen Tag Ende April eine 15 stündige Gesangsperiode mit einer Realsingzeit von über acht Stunden. Männliche Hausrotschwänze widmen also in bestimmten Phasen der Fortpflanzungsperiode etwa die Hälfte der täglichen Hellzeit ausschließlich dem Singen und sind unter Einrechnungen der oft nur kurzen Gesangspausen, einen großen Teil des Tages auf Singwarten präsent. Für den Verhaltensökologen stellt sich da natürlich die Frage nach der Kosten-Nutzenbilanz eines derartig aufwendigen Verhaltens. Obschon derartige Fragen beim Hausrotschwanz bislang nicht näher untersucht sind, lassen sich aus der saisonalen und tageszeitlichen Verteilung der Gesangsaktivität und -intensität gewisse Rückschlüsse ziehen. Das Hauptmaximum der Gesangsaktivität liegt immer in den frühen Morgenstunden (Abb. 6.6.). Ein zweiter Gipfel ist zudem in den späten Abendstunden festzustellen. Die Zweigipfeligkeit der täglichen Gesangsaktivität ist bei guten Witterungsbedingungen in der Frühphase der Revierbesetzung offenbar weniger ausgeprägt, später aber, etwa in der Nestbau- und Eiablagezeit meist sehr deutlich (Abb 6.6B). Die Männchen singen am intensivsten in der Anpaarungsphase und in der Nestbau- und Legephase, also in der Periode, in der die Weibchen fertil sind. Auch beim Hausrotschwanz werden die Eier wohl, wie bei den meisten Singvogelarten, vor allem in den frühen Morgenstunden befruchtet. Die Chancen für eine erfolgreiche Befruchtung sind aber auch bei Kopulationen am Abend hoch, da die Weibchen in der Legephase bis zur Fertilisation der Eier am nächsten Morgen im Nest bleiben (Birkhead et al. 1987). Die besonders starke Gesangsaktivität in den Phasen erhöhter Fruchtbarkeit der Weibchen hat daher möglicherweise den Zweck, benachbarte Männchen in diesen kritischen Phasen abzuschrecken und sich eventuell gleichzeitig fremden Nachbarweibchen als geeigneter Partner für einen Seitensprung anzubieten (Møller 1991). Von besonderem Interesse ist in diesem Zusammenhang die Frage, inwieweit die individuelle Gesangsaktivität ein Qualitätsmerkmal darstellt. Nach der Hypothese von Møller wäre zu erwarten, daß junge, verpaarte Männchen weniger intensiv singen, da das Risiko, durch allzu heftige Gesangsaktivität den Fruchtbarkeitsstatus des eigenen Weibchens zu verraten und dann durch dominante Nachbarmännchen betrogen zu werden, größer ist. Gewisse Hinweise, daß es Unterschiede in der Gesangsaktivität einjähriger und mehrjähriger verpaarter Männchen gibt, habe ich tatsächlich in Tiroler Dörfern gefunden. Bei regelmäßigen Revierkontrollen habe ich Männchen beider Altersgruppen nach ihrer Gesangsaktivität grob in intensive und wenig intensive Sänger unterteilt. Von 36 erfolgreich brütenden einjährigen Männchen fielen 1982-1984 nur 8 (22%) in die Intensivkategorie, von 31 mehrjährigen Männchen aber 45 % (14; $p < 0.05$; χ^2 Test). Unverpaarte Männchen neigen aber, wie bei vielen Singvogelarten, auch beim Hausrotschwanz dazu, intensiver zu singen, sie können damit nur gewinnen, denn vielleicht gelingt es ja doch noch, ein Weibchen anzulocken. Von 45 einjährigen Männchen dieser Gruppe wurden z.B. 18 (40%) als intensive Sänger eingestuft.

Für eine endgültige Klärung altersspezifischer Unterschiede in der Gesangsaktivität des Hausrotschwanzes und ihrer Bedeutung bedarf es allerdings genauerer Studien. Wenn neben dem Anlocken der Weibchen und neben der Revierabgrenzung, die Gesangsaktivität tatsächlich eine Strategie des „anouncement of mate fertility status“ (Møller 1991), also ein Schutzmechanismus gegen „Ehebruch“ ist, dann kann u.U. schon aus der außerordentlichen Intensität, mit der Hausrotschwänze ihr rauhes, ungeschliffenes Lied zum Besten geben, auf eine erhebliche Dynamik der Sexualstrategien bei dieser bisher überwiegend als monogam angesehenen Art geschlossen werden (s. Kap. 7.1).

6.2.3 Revierverteidigung, agonistisches Verhalten

Auf Konkurrenten im Randbereich der Reviere oder auf Eindringlinge reagieren revierhaltende Hausrotschwänze deutlich und unmittelbar, zeigen dabei aber ein breites Spektrum von Verhaltensweisen. Die Spannweite der Reaktionen reicht von intensivierten Gesangsduellen über vorsichtige, schlei-

Abb. 6.7: Ein einjähriger Revierbesitzer attackiert einen mehrjährigen „Eindringling“ (Stopfpräparat eines adulten Hausrotschwanzes) Foto C. Kollinsky.

chende Annäherung mit Drohgebärden, bis zu äußerst aggressiven, überfallartigen Attacken. Unter normalen Freilandbedingungen (Beschreibung einer Interaktion bei Nesenhöner 1956) laufen derartige Aktionen meist rasch und oft verdeckt ab. Um die Reaktionsnormen besser studieren zu können, vor allem aber um Revierverteidigungsstrategien in Abhängigkeit vom Alter des Revierbesitzers bzw. Eindringlings zu untersuchen, haben wir durch Tonbandreizungen und Präsentation von Stopfpräparaten in Revieren Eindringlinge imitiert (Landmann & Kollinsky 1995a).

Die Art und Intensität der Reaktionen waren dabei individuell recht unterschiedlich. Allgemein reagierten die Revierinhaber meist sehr rasch, überwiegend innerhalb der ersten Minute nach Versuchsbeginn. Bei einem Großteil (69 von 84 Versuchen; 82 %) näherten sich die Männchen den Attrappen deutlich, und in etwa einem Viertel der Fälle kam es zu Attacken auf die Stopfpräparate (Abb.6.7). Die Annäherung erfolgte dabei entweder zögernd durch bogenförmiges Überfliegen („Erkundungsflüge"), in Form schneller Stoßflüge (Tief-/Angriffsflüge), wobei „Eindringlinge" knapp über- oder unterflogen wurden, oder aber in mehreren Etappen, dann vor allem zu Fuß. Hierbei näherte sich der Revierbesitzer, häufig unter geschickter Ausnützung von Deckungsmöglichkeiten (Holzstapel, Zäune usw.), verdeckt und in geduckter Körperhaltung („Anschleichen").

Zur Abschreckung des Rivalen werden verschiedene Imponier- und Drohgebärden eingesetzt. Dazu gehört u.a. auch ein extremes Drohplustern, bei dem das Gefieder oft regelrecht geschüttelt wird (Abb.6.8C). Zu den auch bei Störungen, bei Feindkontakt oder bei Sexualkonflikten beobachtbaren, allgemeinen Erregungsgesten gehören: Knicksen, Schwanzzittern, übersprungartiges Schnabelwischen und Erregungsschnarren („terr" bzw. tre-tre-tre" Laute; Abb.2.2). Die Intensität und Häufigkeit derartiger Verhaltensäußerungen nimmt in der Regel mit abnehmender Rivalendistanz zu. Gegenüber artfremden Mitbenutzern des Lebensraums sind Hausrotschwänze normalerweise wenig aggressiv, selbst mit dem nahe verwandten Gartenrotschwanz gibt es oft ohne Probleme Revierüberschneidungen (Menzel 1983, Schmidt 1989). Zwischenartliche aggressiv getönte Interaktionen sind möglicherweise im einfacher strukturierten, an Ressourcen knapperen Primärhabitat häufiger. Attacken auf Riesenrotschwanz, Mauerläufer und vereinzelt Steinschmätzer sind bekannt (Potapov zit. in Cramp 1988, Hauri 1978, Zamora 1990), der Hausrotschwanz wird aber gerade vom größeren Steinschmätzer viel häufiger attackiert als umgekehrt (Zamora 1990).

Besonders interessant war für uns die Frage, inwieweit sich junge Hausrotschwanz-Männchen in ihrer Fähigkeit und Bereitschaft Reviere zu verteidigen, von erfahrenen, mehrjährigen Männchen unterscheiden, und weiters, ob das schlichte weibchenfärbige *cairei*-Kleid die Aggression älterer Männchen herabsetzt, also für junge Männchen von Vorteil ist.

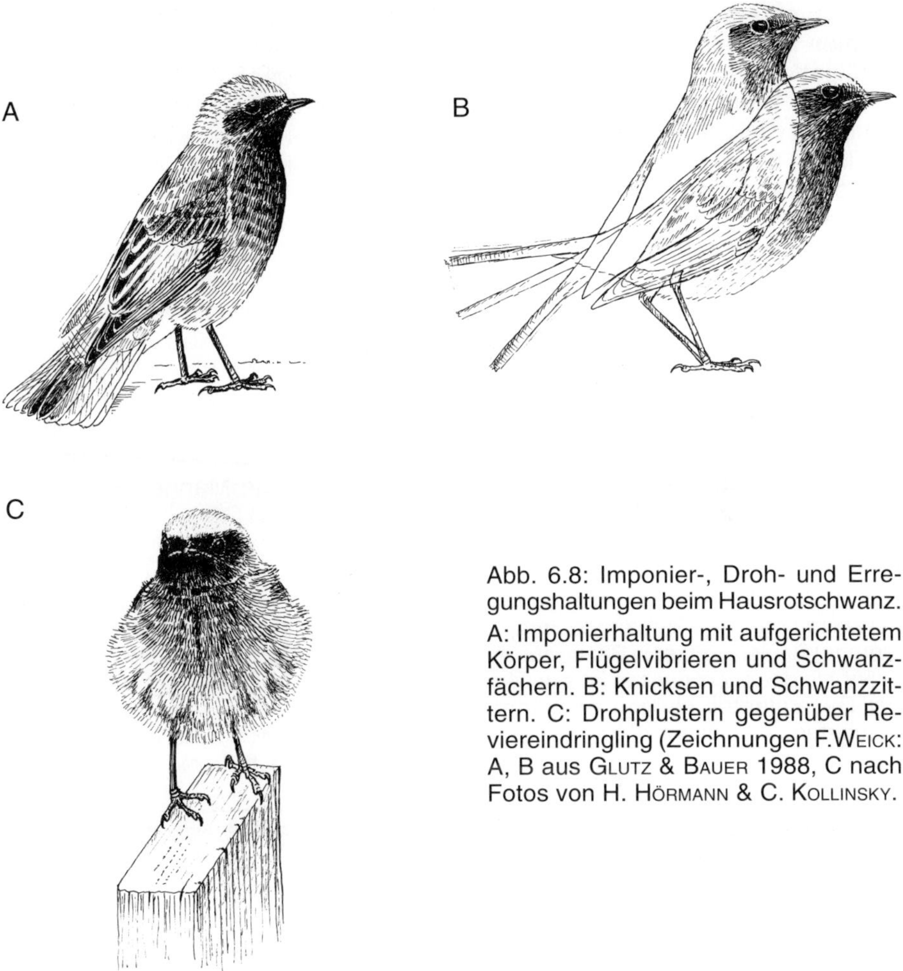

Abb. 6.8: Imponier-, Droh- und Erregungshaltungen beim Hausrotschwanz. A: Imponierhaltung mit aufgerichtetem Körper, Flügelvibrieren und Schwanzfächern. B: Knicksen und Schwanzzittern. C: Drohplustern gegenüber Reviereindringling (Zeichnungen F. Weick: A, B aus Glutz & Bauer 1988, C nach Fotos von H. Hörmann & C. Kollinsky.

Bei vielen Vogelarten ist bekannt oder wird vermutet, daß einzelne Gefiedermerkmale oder die Auffälligkeit des Gefieders als Statussignale eine erhebliche Rolle spielen (Rohwer 1982, Butcher & Rohwer 1989) und sich als Teil einer adaptiven Strategie evolviert haben, um z.B. im Kampf der Generationen und Geschlechter Vorteile zu erlangen. Zum adaptiven Wert schlichter männlicher Jugendkleider bei sexuell dichromatischen Singvögeln gibt es mehrere, z.T. widersprüchliche Theorien. Die „female mimicry" Hypothese von Siewert Rohwer und Mitarbeitern (Rohwer et al. 1980) geht z.B. davon aus, daß weibchenfärbige Jungmänner die überlegenen älteren Rivalen zumindest kurzfristig über ihren Status täuschen, deshalb weniger heftig attackiert werden, und sich damit leichter Zugang zu fremden Territorien bzw. Weibchen verschaffen können. Andere Autoren nehmen an, daß schlichte Kleider Subordinanz signalisieren und daher weniger Aggression auslösen (Lyon & Montgomerie 1986). Wenn überdies zutrifft, daß auffällige Gefiedermerkmale, wie z.B. das kontrastreiche Federkleid alter Hausrotschwanz-Männchen, als verläßliches Signal der Kampffähigkeit oder Aggressionsbereitschaft dienen, dann sollten alte Männchen Eindringlinge generell heftiger bekämpfen, als dies einjährige Revierbesitzer tun. Die vorläufigen Ergebnisse unserer Attrappenversuche am Hausrotschwanz bestätigen die Erwartungen dieser Hypothesen nicht (s.auch Kap. 6.4). Schlicht gefärbte „Eindringlinge" (Attrappen) wurden von mehrjährigen Revierinhabern genauso aggressiv behandelt wie Eindringlinge im Adultkleid. Außerdem zeigten einjährige Männchen keinerlei Hemmung, Eindringlinge anzugreifen und reagierten insgesamt gegenüber Attrappen, unabhängig von deren Art, sogar häufiger mit Attacken als mehrjährige Männchen (Tab. 8; Landmann & Kollinsky 1995a; s. auch Andersson 1995).

Tab. 8. Zahl der Attacken bzw. zumindest stark aggressiv getönter Annäherungen auf kurze Distanz (< 3m) an Stopfpräparate durch mehrjährige bzw. einjährige (cairei-Morphe) Revierbesitzer in Bezug zum Aussehen des Modells. Keiner der Unterschiede innerhalb der Altersklassen ist signifikant (Fisher's exact Tests, p> 0.1). Hingegen ist der Gesamtanteil einjähriger Männchen, die attackierten bzw. stark aggressiv reagierten, siginifikant höher als jener der mehrjährigen Männchen.(χ^2 Tests p< 0.01 für Attacken, p< 0.05 für aggressive Annäherung). Nach Landmann & Kollinsky 1995a

Revierinhaber:	Attacke	keine Attacke	aggressive Reaktion	schwache Reaktion
A) Mehrjährig				
Modell adult	2	11	7	6
Modell einjährig	3	10	8	5
B) Einjährig				
Modell adult	6	3	9	0
Modell einjährig	6	2	7	1

Außerhalb der Brutzeit werden zwar keine eigentlichen Territorien verteidigt, der Hausrotschwanz ist aber, wohl schon aus nahrungsökologischen Erwägungen (s. Kap.5), meist solitär. Aggressive Auseinandersetzungen um gute Jagdplätze oder Warten dürften sowohl auf dem Zug als auch im Überwinterungsgebiet häufig vorkommen. Manche Männchen scheinen zudem auch im Winter über längere Zeiträume bestimmte Plätze zu bevorzugen, ja u.U. auch über mehrere Jahre an ein und demselben Platz zu überwintern (Angaben in CRAMP 1988). Ob dabei allerdings von eigentlichen Winterrevieren gesprochen werden kann, ist fraglich (s. aber CUADRADO 1995). Unter besonderen Bedingungen, vor allem bei Schlechtwetter, kann es am Zug vereinzelt zu größeren Ansammlungen von Hausrotschwänzen kommen, die im Extremfall mehrere 100 Individuen umfassen. Auch in solchen Fällen wird aber eine erhebliche Individualdistanz eingehalten.

6.3 Reviergrößen: Variation in Raum und Zeit

Territorialität gilt als ein Schlüsselfaktor in der Regelung lokaler Bestandsdichten und Verteilungsmuster von Vogelrevieren im Raum (NEWTON 1992). Reviergrößen sind daher zwar ein wichtiger populationsökologischer Parameter, es ist aber schwierig, exakte Daten beizubringen. Die Reviergrößen schwanken auch beim Hausrotschwanz in Abhängigkeit von Habitat, Nahrungsangebot, jährlichen Populationsdichten und vom Alter der Revierinhaber selbst in ein und demselben Gebiet beträchtlich und stellen zudem auch saisonal keine Fixgrößen dar. Eine dezidierte Angabe von Reviergrößen ist oft auch deshalb problematisch, weil die Abgrenzung gegenüber nur extensiv genutzten Randpartien schwierig ist, und weil revierhaltende Hausrotschwänze nicht selten „Ausflüge" in Nachbarreviere oder unbesetzte Gebiete machen. Derartige Exkursionen können mehrere 100 m vom Revier wegführen und haben wahrscheinlich auch die Funktion, Möglichkeiten für Zusatzkopulationen mit fremden Weibchen auszukundschaften bzw. zu nutzen. In seinen schwedischen Untersuchungsgebieten hat REINO ANDERSSON (1987) solche Ortsbewegungen sowohl bei verpaarten als auch bei unverpaarten Männchen festgestellt, in der Regel waren aber unverpaarte, meist einjährige Revierbesitzer öfter unterwegs (Abb.6.9).

Die wenigen Literaturangaben über Reviergrößen des Hausrotschwanzes schwanken zwischen 0,35 bis 7,4 ha (NESENHÖNER 1956, MENZEL 1983, CRAMP 1988). In einigermaßen gut geeigneten Sekundärhabitaten dürften aber die realen Reviergrößen kaum einmal über 2-3 ha betragen und die mittleren Reviergrößen meist sogar deutlich darunter liegen. Selbst am relativ dünn besiedelten Arealrand in Schweden betrugen die mittleren Reviergrößen nur 2,2 ha für verpaarte (n=12) und 2.0 ha für unverpaarte (n=16) Männchen (ANDERSSON 1985). Für Frankreich gibt GEROUDET (1963) 0.35 bis 1 ha als normale Größe an.

Ganz ähnliche Befunde haben wir in Tiroler Dörfern erhalten, in denen der regelmäßig genutzte Bereich selten über ein ha groß, meist aber deut-

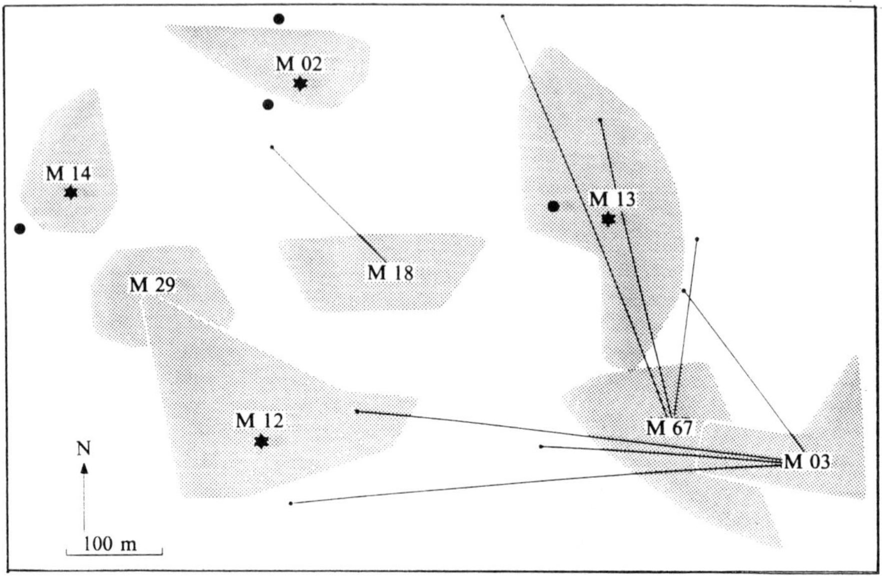

Abb. 6.9: Ortsbewegungen individuell gekennzeichneter, verpaarter (*) und unverpaarter Männchen des Hausrotschwanzes außerhalb ihrer Reviere (schraffiert). Punkte = Einzelregistrierungen zusätzlicher Männchen. Daten aus einem Untersuchungsgebiet in Göteburg, Südschweden. Aus Andersson 1987.

lich kleiner war. Beim Studium farbberingter Populationen in den Jahren 1990 und 1991 haben wir zudem festgestellt (Landmann & Kollinsky 1995), daß die schlichten *cairei*-Männchen kleinere Reviere als mehrjährige Vögel hatten, die *paradoxus*-Männchen aber kaum kleinere Reviere beanspruchten. Interessant war auch, daß die Reviere 1991, bei geringeren Gesamtdichten, in beiden Altersgruppen größer waren (Abb. 6.10). Die Zahl und Dichte von Nachbarrevieren ist also möglicherweise auch beim Hausrotschwanz ein wichtiger, die Reviergröße bestimmender Faktor (Newton 1992). Damit im Zusammenhang stehen auch Beobachtungen, daß früh ankommende Männchen manchmal ihre Reviere im Laufe der Saison einengen müssen (z.B. Senk 1962).

Die Rolle der individuellen Erfahrung läßt sich nicht nur an den meist kleineren Revieren junger Hausrotschwanz-Männchen ermessen, sondern auch an der Lebensgeschichte einzelner Individuen zeigen. Im Tiroler Dorf Rinn hielt z.B. 1990 ein einjähriges Männchen ein kleines Revier (0,36 ha) in einem suboptimalen randlichen Altbauareal (stark entwickelte Baum- und Strauchschicht). Das Nachbarrevier mit einem mehrjährigen Männchen war

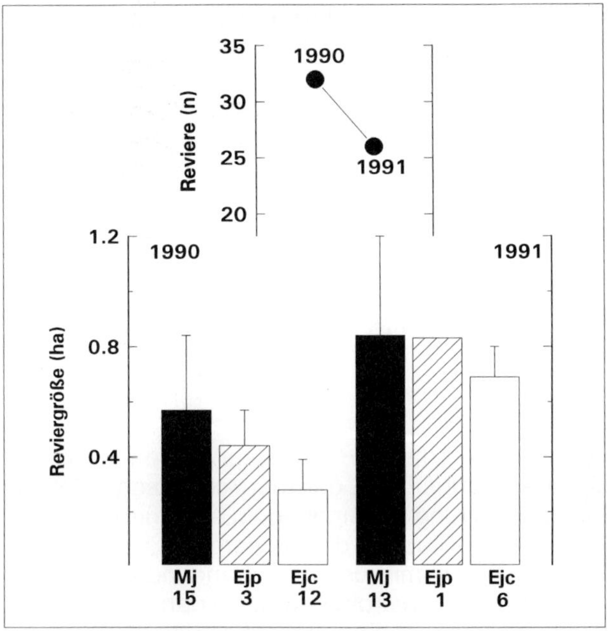

Abb. 6.10: Reviergrößen mehrjähriger (Mj) und einjähriger (*cairei* = Ejc, *paradoxus* = Ejp) Hausrotschwanz-Männchen in den Tiroler Dörfern Rinn und Tulfes, in Bezug zur Populationsdichte (Zahl der Reviere) in zwei Untersuchungsjahren (1990 und 1991). Ejc Reviere waren 1990 signifikant kleiner als Mj Reviere (Mann-Whitney U-test, $P < 0.001$). Die wenigen Ejp Reviere unterschieden sich nicht signifikant von Mj Revieren, waren aber 1990 größer als die 12 Ejc Reviere (Mann-Whitney U-test; $P < 0.05$). 1991 waren die Reviere zwar insgesamt signifikant größer als 1990, Unterschiede zwischen den Altersgruppen ließen sich aber nicht sichern. Original nach Daten in LANDMANN & KOLLINSKY 1995.

größer (0,72 ha), und umfaßte ein für die Art optimales Bauerngehöft. Im Folgejahr brüteten die selben beiden Männchen wieder nebeneinander. Allerdings hatte das junge Männchen die Revierfläche um mehr als das Doppelte vergrößert (0,82 ha) und weit in das vormalige Territorium des Nachbarn ausgedehnt (KOLLINSKY 1993). Auch innerhalb einer Saison kommen nach unseren Beobachtungen Revierverschiebungen und Ausdehnungen öfters vor und müssen nicht immer mit dem Ausfall eines Revierinhabers zusammenhängen, wie dies z.B. NESENHÖNER (1956) in einem Fall beschreibt.

Über die Reviergrößen und das Ausmaß der Territorialität in Primärlebensräumen fehlen leider genauere Untersuchungen. Nach Beobachtungen von URS GLUTZ von BLOTZHEIM (in GLUTZ & BAUER 1988) wird im Gebirge

Nestlingsnahrung mitunter aus Entfernungen von über 300 m und über Höhendifferenzen von mehr als 200 m herangeschafft. Es ist durchaus möglich, daß im Hochgebirge, wo ohnehin meist nur geringe Flächendichten erreicht werden (Kap. 8.1), und die Reviere oft weit auseinander liegen, weniger feste Reviergrenzen vorliegen, und daß die Tendenz zur Reduktion strenger Territorialität, die bei vielen Hochgebirgsvögeln als Reaktion auf die Zwänge der rauhen Umwelt vorkommt (Winding 1984), teilweise auch für den Hausrotschwanz gilt.

6.4 Generationenkonflikte: Jung gegen Alt, schlicht gegen markant

Zur Überprüfung verschiedener Hypothesen (Kap.6.2.3), die sich mit den evolutionären Hintergründen und der möglichen adaptiven Bedeutung der verzögerten Gefiederreifung bei Singvögeln auseinandersetzen, eignet sich auch das vergleichende Studium der Revierqualitäten und der Verteilungsmuster von Revieren und damit zusammenhängender Konsequenzen für den Fortpflanzungserfolg. Der Hausrotschwanz ist dabei ein besonders geeignetes Studienobjekt, weil sich im Freien nicht nur einjährige von mehrjährigen Männchen unterscheiden lassen, sondern weil zudem zwei alternative Jugendkleider existieren. Wenn nämlich, wie die Anhänger adaptiver Erklärungsmodelle vermuten, die verzögerte Gefiederreifung oder das weibchenartige Aussehen tatsächlich einen direkten Anpassungswert (z.B. Aggressionsvermeidung, female mimikry) hat, dann sollten beim Hausrotschwanz Altersunterschiede wenig deutlich sein. Ferner sollten *cairei*-Männchen im Schnitt erfolgreicher sein als *paradoxus*-Männchen; sie sollten z.B. bessere Reviere und höhere Verpaarungschancen haben (Landmann & Kollinsky 1995).

Meine Mitarbeiter und ich sind diesen Fragen über mehrere Jahre in Tiroler Dörfern nachgegangen, und unsere Befunde geben keinen Hinweis darauf, daß das Beibehalten des weibchenfärbigen, braunen Jugendkleides für erstmals brütende junge Hausrotschwanz-Männchen Vorteile bringt, bzw. eine durch unmittelbaren Selektionsdruck enstandene Eigenheit darstellt.

6.4.1 Horizontale Muster: Revierqualitäten und Nachbarschaftsverhältnisse

Reviere junger und alter Hausrotschwänze und der beiden Jugendmorphen unterscheiden sich nicht nur in ihrer Größe (Abb. 6.10), sondern auch in ihrer Qualität und in ihrer Lage zueinander.

Tab.9 Verteilung der Reviere mehrjähriger- und einjähriger Hausrotschwanz-Männchen auf von der Art unterschiedlich präferierte Dorfteile in Tulfes und Rinn (Tirol) 1982-1991. Nach LANDMANN & KOLLINSKY 1995.

Männchen-Typ	**Mehrjährig**		**Einj. *cairei***		**Einj. *paradoxus***	
	n	%	n	%	n	%
Bauerndorf	89	65	35	33	8	67
andere Dorfzonen	48	35	70	67	4	33
Signifikanz	↔	***↔		↔*↔		

In Tirol lagen Reviere der *cairei*-Männchen signifikant seltener als jene der mehrjährigen in den beliebten bäuerlichen Dorfteilen, während einjährige *paradoxus*-Männchen diese Zonen offenbar im selben Ausmaß wie mehrjährige besiedeln konnten (Tab.9). Da auch innerhalb der einzelnen Dorfzonen zum Teil beträchtliche Unterschiede in der Raumausprägung bestehen, haben wir die Inhalte von 52 Hausrotschwanzrevieren detailliert vermessen (LANDMANN & KOLLINSKY 1995). Um den vermuteten Reviermittelpunkt herum

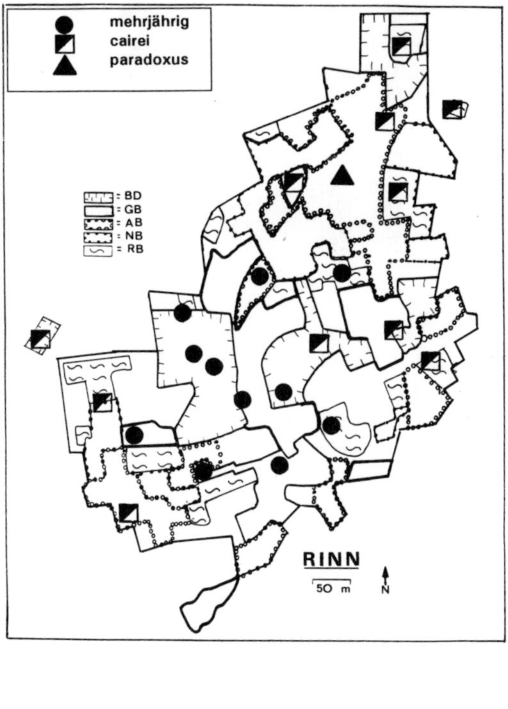

Abb. 6.11: Lage der Reviere ein- und mehrjähriger Männchen des Hausrotschwanzes im Mosaik der fünf Dorfzonen von Rinn im Jahr 1986. Dorfzonen s. Abb. 4.6.

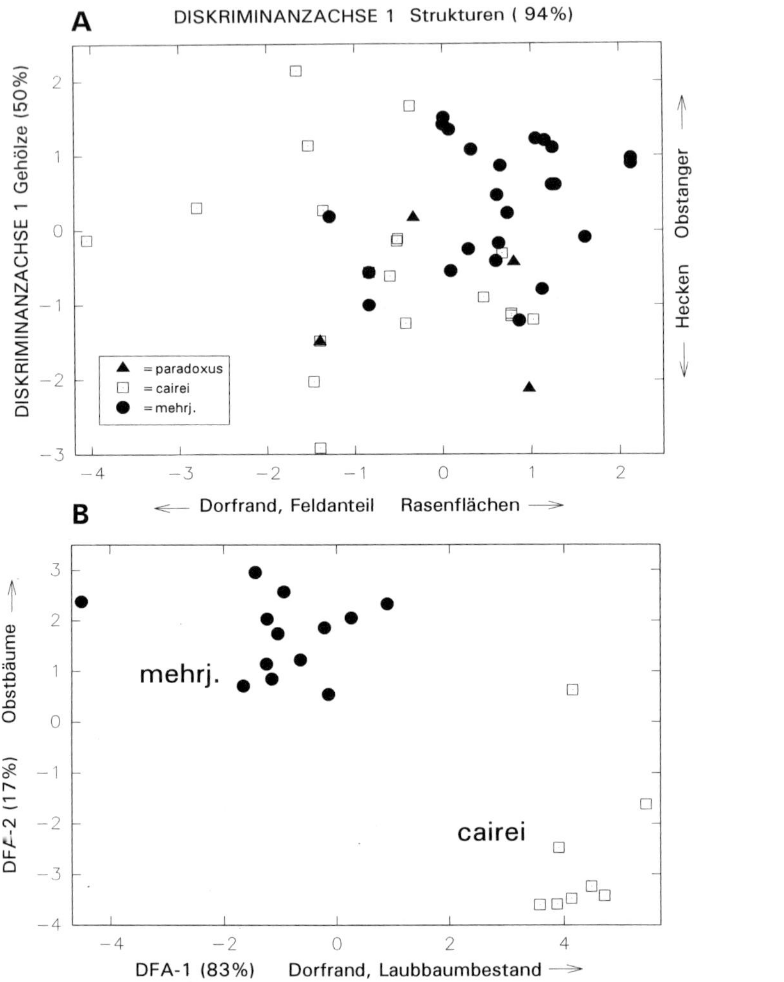

Abb. 6.12: Trennung der Reviere mehrjähriger und einjähriger Männchen mittels Diskriminanzanalyse. Angeführt sind die wichtigsten Merkmale welche die Diskriminanzachsen bestimmen. A: Daten aus zwei benachbarten Dörfern. Der multivariate Raum wird durch die jeweils ersten kanonischen Achsen zweier separater Analysen von 16 Vegetations- bzw. 17 sonstigen Strukturmerkmalen gebildet. Nach LANDMANN & KOLLINSKY 1995, verändert. B: Daten aus dem Dorf Tulfes. Multivariater Raum gebildet durch die erste und zweite kanonische Achse einer gemeinsamen Analyse aller 33 vermessenen Revierstrukturen. Das Revier eines *paradoxus*-Männchens wurde in die Analyse miteinbezogen, liegt aber nicht im abgebildeten Raum. A. LANDMANN, Original.

wurden dazu, jeweils innerhalb eines Kreises mit 50 m Radius, 33 Habitatvariable (Beispiele Tab. 4) erfaßt. Dabei ergaben sich deutliche Unterschiede zwischen Revieren mehr- und einjähriger Männchen. Reviere junger Männchen waren z.B. im Mittel dichter mit Wohnhäusern verbaut, enthielten mehr Gebüsche, Hecken und Gehölze, aber deutlich weniger Obstgärten. Qualitätsunterschiede gab es auch im Detail. So waren Misthaufen, die gerade während Kaltwetterperioden und zur Zeit der Jungenaufzucht regelmäßig abgesucht werden, in Revieren mehrjähriger Männchen deutlich größer und zahlreicher als in Revieren junger Männchen. Ähnlich subtile Unterschiede fand auch ANDERSSON (1985) im Hafen von Göteburg, wo Reviere unverpaarter, meist junger, Männchen z.B. signifikant geringere Anteile an kurzrasiger Ruderalvegetation aufwiesen.

Die Unterschiede zwischen den *cairei*- Revieren und solchen mehrjähriger Männchen (Abb. 6.11) lassen sich auch in einer multivariaten Diskriminanzanalyse darstellen (Abb. 6.12). Auffällig war, daß die *paradoxus*-Reviere eher intermediär lagen und sich nicht klar von einer Gruppe abgrenzen ließen.

Insgesamt lagen die Reviere der jungen Männchen mehr an den Randlagen der Siedlung; mehrjährige sowie *paradoxus*- Männchen hatten signifikant zentralere Revier inne (LANDMANN & KOLLINSKY 1995). Das kann zu stark geklumpter Verteilung der Reviere der einzelnen Altersklassen innerhalb eines Populationsareals führen (Abb. 6.11). In unseren Tiroler Untersuchungsgebieten wurden Männchen im braunen Jugendkleid überwiegend in suboptimale Randlagen abgedrängt und konnten sich nur relativ selten in der Nähe alter Männchen ansiedeln. Demgegenüber gelang es, z.B. entgegen den Erwartungen der „female mimikry“ Hypothese (ROHWER et al. 1980), den dunklen *paradoxus*-Männchen vergleichsweise öfter, sich in der Nähe der mehrjährigen Männchen zu halten, und damit qualitativ bessere Reviere zu erobern (Abb. 6.13; vgl. dazu auch Hinweise bei HÄRTEL 1994).

Die Qualität von Revieren zu messen, ist allerdings kein ganz leichtes Unterfangen, denn Lage und Rauminhalt besagen ja für sich genommen noch nicht, daß Einjährigen-Reviere tatsächlich schlechter sind. Neben dem Bruterfolg (s.unten) darf man auch die Besetzungsrate über die Jahre hinweg als gutes Maß für Revierqualität ansehen. Bei mehrjährigen Studien in ein und demselben Gebiet fällt immer wieder auf, daß gewisse Areale alljährlich, andere unregelmäßig, und wieder andere nur selten vom Hausrotschwanz besetzt sind. Hervorzuheben ist dabei, daß die besonders regelmäßig besetzten, also wohl sicher hochwertigen Reviere, überdurchschnittlich häufig von mehrjährigen-, nur selten aber von einjährigen Männchen besetzt sind, wobei wiederum *paradoxus*-Männchen besser abschneiden als *cairei*-Männchen (Abb.6.14). Ähnlich wie in Tirol waren auch in Südschweden (ANDERSSON 1995) und im Stadtgebiet von Magdeburg (NICOLAI 1988) die häufig besetzten Reviere zum Großteil von mehrjährigen Männchen besetzt.

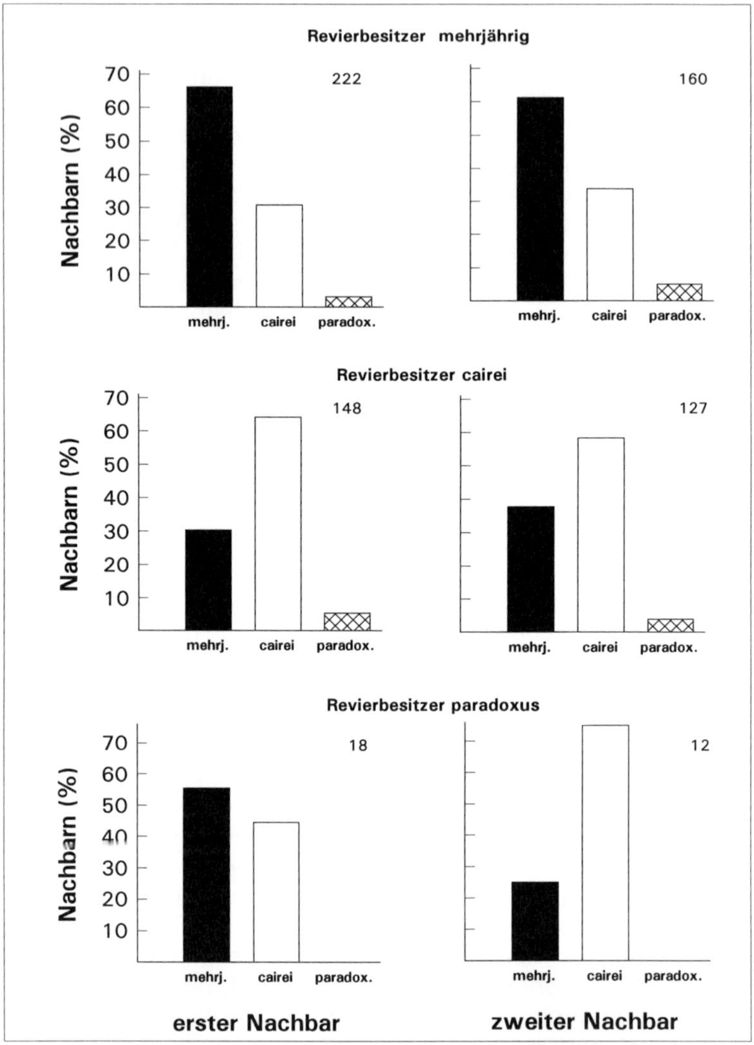

Abb. 6.13: Art der Reviernachbarn in Abhängigkeit vom Alter und der Morphenzugehörigkeit des Revierbesitzers beim Hausrotschwanz in Tiroler Dörfern. Da nur Territorien im Umkreis von 200 m als Nachbarreviere gewertet wurden, sind die Stichproben für den zweitnächsten Nachbarn kleiner. Die Muster sind signifikant unterschiedlich (nach LANDMANN & KOLLINSKY 1995, verändert).

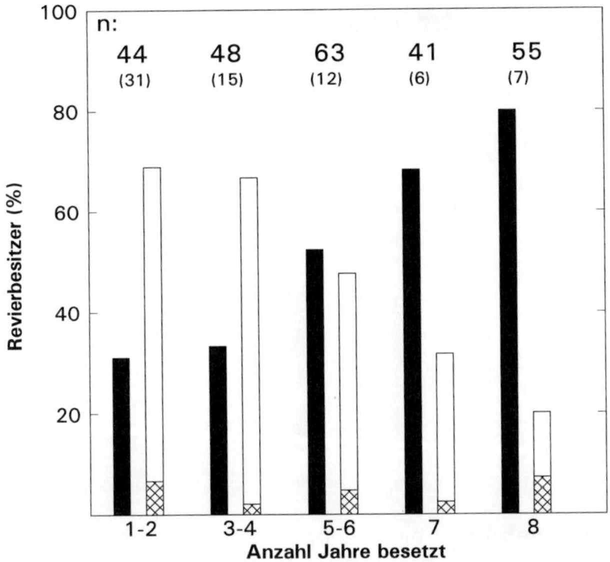

Abb. 6.14: Besetzung unterschiedlich frequentierter Reviere durch mehrjährige (schwarze Balken) und einjährige (*cairei* = weiß, *paradoxus* =schraffiert) Männchen des Hausrotschwanzes in den Tiroler Dörfern Rinn und Tulfes zwischen 1982 und 1991 (keine Daten 1988 und 1989). Zahl der Fälle mit bekanntem Revierinhaber (in Klammer: Zahl der Areale pro Klasse). Nach LANDMANN & KOLLINSKY 1995.

6.4.2 Vertikale Muster:Trennung der Altersklassen entlang des Höhengradienten?

Bei Stichprobenzählungen in den westlichen Pyrenäen und im niederösterreichischen Waldviertel gab es Hinweise dafür, daß Reviere junger Männchen überproportional häufig in höheren Lagen liegen, während mehrjährige Männchen höhere Anteile in niederen Lagen aufwiesen (VERBEEK 1984, SACKL & RAUER 1988). VERBEEK hat deshalb spekuliert, junge Männchen würden durch die Konkurrenz der alten Männchen in ungünstigere, höhere Lagen abgedrängt. Wir sind dem in den Tiroler Alpen näher nachgegangen und konnten keinerlei Hinweise finden, daß sich das Verhältnis junger zu alten Männchen in den verschiedenen Höhenstufen gerichtet ändert (Abb. 6.15). Ähnliche Befunde gibt es aus der Schweiz (GLUTZ & BAUER 1988) und Italien (CUCCO & MALACARNE 1993 und unpubl.).

Auch wenn junge Hausrotschwänze innerhalb einer lokalen Population meist auf randliche und suboptimale Bereiche verwiesen werden, ist der

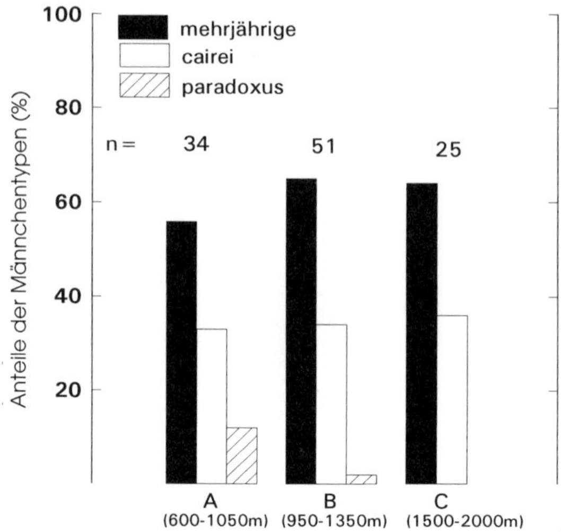

Abb. 6.15: Anteile mehr- und einjähriger Hausrotschwanz-Männchen in drei Höhenstufen entlang eines Höhentransekts (A-C) im Tiroler Sellraintal (1990). Nach KOLLINSKY & LANDMANN 1995.

Anschluß an mehrjährige Männchen, die meist verpaart sind und hochwertige Reviere besetzen, wohl auf alle Fälle vorteilhaft. Solche Jungmänner können z.B. Erfahrung für Folgejahre sammeln, bei Ausfällen alter Revierbesitzer rasch Revierverschiebungen vornehmen oder Weibchen „übernehmen" und möglicherweise auch manchmal Kopulationen stehlen. Abgesehen davon, daß grundsätzlich höhere Lagen für den Hausrotschwanz nicht pessimal sind (Kap. 4.3), sprechen also auch soziobiologische und andere populationsdynamische Erwägungen dagegen, daß eine stärkere räumliche Trennung entlang des Höhengradienten ein verbreitetes und zeitlich stabiles Phänomen sein könnte (KOLLINSKY & LANDMANN 1996).

6.4.3 Konsequenzen: Verpaarungsraten, Fortpflanzungserfolg

Die Weibchen treffen beim Hausrotschwanz im Mittel einige Tage bis zwei Wochen später in den Bruthabitaten ein als die Männchen (NESENHÖNER 1956, ANDERSSON 1987, KOLLINSKY 1993). Zu diesem Zeitpunkt haben die meisten mehrjährigen Männchen, meist aber auch schon einige einjährige Vögel, ihre (unterschiedlichen) Reviere besetzt und man darf daher annehmen, daß für die Weibchen bei der Wahl der Männchen neben deren Auffälligkeit

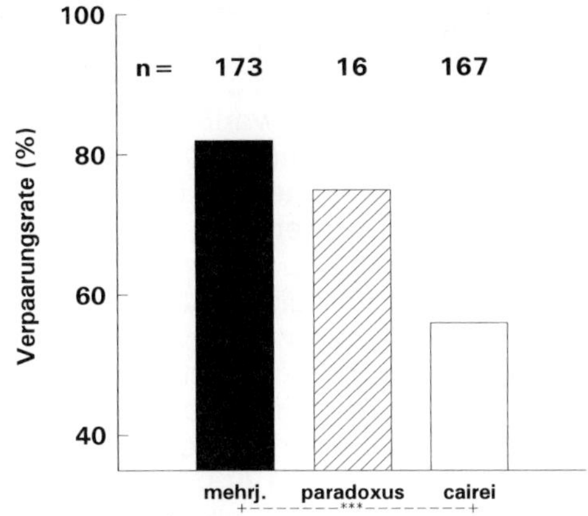

Abb. 6.16: Verpaarungserfolg ein- und mehrjähriger Hausrotschwanz-Männchen in Tiroler Dörfern. Die tatsächlichen Verpaarungsraten sind möglicherweise etwas höher, da die Weibchen in manchen Revieren sehr heimlich sein können. Auf die Unterschiede zwischen den Männchen-Typen hat dies aber keinen Einfluß. Original nach Daten in LANDMANN & KOLLINSKY 1995.

und Gesangesfreude vor allem auch die Lage und Qualität des Revieres entscheidend ist.

Dementsprechend sind vor allem *cairei*-Männchen deutlich seltener verpaart als die mehrjährigen. In Schweden brüteten z.B. nur 24 % der jungen, aber 88% der älteren Männchen (ANDERSSON 1987) und in Ostdeutschland stellen junge Männchen zwar fast 52 % aller Revierbesitzer, aber nur 38% aller tatsächlichen Brutvögel (NICOLAI 1994). In verschiedenen Tiroler Dörfern wurden zwischen 1982 und 1991 in mindestens 82 % der Reviere mehrjähriger, im Mittel aber nur in 56 % der Reviere brauner *cairei*-Männchen Weibchen festgestellt (LANDMANN & KOLLINSKY 1995). Die relativ wenigen *paradoxus*-Männchen, die wir bisher untersuchen konnten, hatten hingegen tendenziell höheren Verpaarungserfolg (Abb. 6.16), wenn sich auch die Unterschiede noch nicht sichern lassen.

Im Gegensatz zu mehrjährigen Männchen, deren Verpaarungsrate (bzw. Erstbrutrate) offenbar relativ konstant ist, zeigt der Anteil der brütenden einjährigen *cairei*-Männchen offenbar auch von Jahr zu Jahr beträchtliche Schwankungen. In Tulfes und Rinn hat CHRISTIAN KOLLINSKY beispielsweise 1990 elf der 14 *cairei*-Männchen als verpaart angetroffen, während 1991, einem Jahr mit deutlich schlechteren Witterunsgverhältnissen, von acht revierhaltenden *cairei*-Männchen nur eines brütete.

Unterschiede zwischen mehr- und einjährigen Männchen bestehen aber auch dann, wenn man nur verpaarte Vögel in Rechnung stellt. Die verspätete Revierbesetzung, wohl aber auch die mangelnde Erfahrung und die schlechteren Reviere sind dafür verantwortlich, daß junge Männchen auch seltener Zweitbruten hochziehen können. 1990 und 1991 hatten in Tulfes und Rinn von 24 mehrjährigen Männchen mit Erstbrut, 16 (67%) eine Zweitbrut, aber nur fünf von 15 (33%) jungen Männchen (χ^2 Test, $p < 0.05$).

Weniger klar sind die Unterschiede im Bruterfolg (Abb. 8.5), obwohl in Tirol zumindest bei den Zweitbruten die Nestlingszahl in Bruten mit mehrjährigen Männchen signifikant höher war (LANDMANN & KOLLINSKY 1995). Bei Untersuchungen in Südschweden, Ostdeutschland und Italien war der Bruterfolg von Bruten mit jungen Männchen (vor allem Erstbruten !?) nur unwesentlich oder überhaupt nicht geringer als bei Bruten mit alten Männchen (ANDERSSON 1990, CUCCO & MALACARNE 1993, NICOLAI 1994), in Südengland (BEECROFT 1986) waren aber junge Männchen weniger erfolgreiche Väter. Darüberhinaus gibt es erste Hinweise auf besonders guten Bruterfolg von Bruten mit Beteiligung junger *paradoxus*-Männchen (LANDMANN 1987a, LANDMANN & KOLLINSKY 1995, NICOLAI 1994).

Beim Hausrotschwanz sind also die weibchenfärbigen jungen Männchen gegenüber älteren, aber offenbar auch gegenüber den vielleicht für die Weibchen attraktiveren oder auch aggressiveren *paradoxus*-Männchen im Hintertreffen. Unsere Untersuchungen deuten darauf hin, daß junge Männchen dazu gezwungen sind, sich opportunistisch den gebotenen Möglichkeiten anzupassen und aus einer schlechten Ausgangsposition das Beste zu machen. Wenn man allerdings die kurze Lebenserwartung des Hausrotschwanzes (Kap. 8.2) in Rechnung stellt, dürfte es sich auf alle Fälle lohnen, schon im ersten Jahr ein, wenn auch oft suboptimales, Revier zu besetzten und dieses energisch zu verteidigen. Denn immerhin schafft es doch ein erheblicher Teil der Einjährigen sich zu verpaaren und wenigstens einige Junge großzuziehen. Statistisch gesehen kommt diese Chance im nächsten Jahr nur zu etwa 50 % wieder. Aus evolutionärer Sicht wäre es dann allerdings fatal, wenn die Jungmänner ihre Rechnung ohne den Wirt, sprich die Weibchen machen, und als Hahnreis Arbeit in die „Aufzucht fremder Gene“ investieren würden. Möglicherweise sind nämlich gerade die Weibchen junger Männchen stärker „seitensprunggefährdet“, wofür es, wie z.B. beim Hüttensänger, einer anderen kleinen Drosselart (GOWATY 1994), auch für den Hausrotschwanz bereits einige Hinweise gibt (M. WEGGLER briefl., eigene Beobachtungen).

Im Lichte der anwachsenden Erkenntnisse über die Häufigkeit von „extra pair copulations“ auch bei primär monogamen Vogelarten tut sich also hier ein weites und vielversprechendes Feld für detaillierte Studien am Hausrotschwanz auf.

7 Fortpflanzungsbiologie

7.1 Sexualstrategien und Paarungssystem: der Kampf der Geschlechter

Der Hausrotschwanz gilt als primär monogame Art mit Saisonehe (CRAMP 1988, GLUTZ & BAUER 1988). Unsere Vorstellungen von Ehesystemen der Vögel haben sich aber in den letzten Jahren radikal gewandelt. War man noch in den 60er und 70er Jahren der Ansicht, daß etwa 90 % der Vogelarten mehr oder weniger strikt monogam seien (LACK 1968), nimmt man heute an, daß bei 85 % der Arten zumindest fakultative Polygynie vorkommt (EMLEN, Plenarvortrag IOC-Wien 1994, s. auch MØLLER 1986). Auch beim Hausrotschwanz können nur detaillierte Studien an farbberingten Populationen klären, ob Polygynie, wie bisher angenommen, eine seltene Ausnahme darstellt (siehe Auflistung von Einzelfällen in den beiden Handbüchern) oder ein normaler Bestandteil flexibler Sexualstrategien ist. Für letzteres sprechen Daten der bisher durchgeführten Farbringstudien. Sowohl in Schweden (ANDERSSON 1990) als auch bei den laufenden Untersuchungen von MARTIN WEGGLER (briefl.) in der Schweiz, und in Tiroler Dörfern (KOLLINSKY 1993, LANDMANN & KOLLINSKY 1995) wurden mehrfach Fälle von Bigynie festgestellt. In Tulfes und Rinn stellte CHRISTIAN KOLLINSKY 1990 und 1991 bei fünf von 56 Männchen simultane Polygynie fest. Dies ist deutlich mehr als 5 %, ein Wert ab dem Arten vielfach bereits als polygyn bezeichnet werden (MØLLER 1986).

So vorteilhaft Vielweiberei natürlich für die Männchen ist: Für die Weibchen ist es sicher wenig profitabel, sich den Partner mit einer Konkurrentin zu teilen. Dies dürfte besonders bei einer insektivoren Art, wie dem Hausrotschwanz, wo die Mithilfe der Männchen bei der Jungenaufzucht besonders wichtig ist (Kap. 7.6.) gelten. Nach den gängigen Vorstellungen des „polygyny threshold“ Modells (ORIANS 1969) sollten Weibchen dieses Risiko nur dann eingehen, wenn ein Männchen besondere Qualitäten oder ein besonders gutes Revier zu bieten hat. Tatsächlich waren in allen von uns beobachteten Fällen nur mehrjährige Hausrotschwanz-Männchen in der Lage, zwei Weibchen zu erobern. In unseren Tiroler Dörfern lagen die Reviere polygyner Männchen zudem in allen Fällen -zumindest teilweise- in den besonders optimalen Bauerndorfzonen. Unter günstigen Bedingungen kann Bigynie aber auch jungen Männchen gelingen (z.B. DEHNER 1990, M.WEGGLER mündl.).

Da die Weibchen aber normalerweise wenig Interesse haben, sich im Revier eines schon verpaarten Männchens anzusiedeln, versuchen die Männchen mancher Arten, wie z.B. Trauerschnäpper, Waldlaubsänger und Drosselrohrsänger, offenbar durch das Besetzen mehrerer, weit auseinanderliegender Territorien (Polyterritorialität) über ihren Verpaarungsstatus hinwegzutäuschen (TEMRIN & ARAK 1989). Einen solchen Fall haben wir 1991 in Tirol auch beim Hausrotschwanz festgestellt. Ein mehrjähriges Männchen verteidigte, zumindest während der Zweitbrut, simultan zwei über 400 m entfernte Reviere und war in beiden Revieren gleichzeitig bei der Fütterung beteiligt . Für die betroffenen Weibchen ergab sich in unserem Fall kein klar meßbarer Nachteil, denn in beiden Fällen flogen fünf und vier Jungvögel aus. Bei anderen Arten ist aber bekannt, daß vor allem die „Nebenfrauen“ verringerten Bruterfolg haben. Am Trauerschnäpper wurde kürzlich wahrscheinlich gemacht, daß die Weibchen Gegenstrategien entwickelt haben, um den Verpaarungsstatus territorialer Männchen abzuschätzen (DALE & SLAGSVOLD 1994). Auch wenn Polyterritorialität beim Hausrotschwanz wahrscheinlich nur unter besonders günstigen Umständen vorkommen dürfte, zeigt das Beispiel doch, wie flexibel auch bei ihm die Paarungsstrategien sind. Dies umso mehr, wenn man bedenkt, daß auch die Weibchen prinzipiell die Möglichkeit haben, sich z.B. über Seitensprünge oder sogar intraspezifischen Brutparasitismus Fitnessvorteile zu verschaffen (Kap. 6.4.3 und 7.5).

7.2 Paarbildung und Paarbindung

Die Weibchen entscheiden sich nach der Ankunft offenbar nicht sofort für einen Partner, sondern streunen u.U. mehrere Tage im Populationsareal herum (ANDERSSON 1990, eig. Beob.) und sammeln dabei möglicherweise während wiederholter Besuche verschiedener Reviere Informationen über die Revierqualitäten und den Status der Männchen. In der frühen Paarbildungsphase sind ausgedehnte, rasante Verfolgungsjagden (pair chasing) eine der auffälligsten Verhaltensweisen. Sie führen oft in engen Schleifen blitzschnell um Hausecken und Bäume herum, wobei das Männchen meist mit Schnarrlauten seine Erregung ausdrückt. In Einzelfällen habe ich auch beobachtet, daß Nachbarmännchen, von derartigen Manövern angelockt, sich an den Hetzjagden beteiligen und das Trio sich wild kurvend verfolgt,

Abb. 7.1: Balz- und Kopulationsverhalten beim Hausrotschwanz. A: Präsentierimponieren des Männchens. B: Kopulationseinleitung: Aufforderung durch das Weibchen. C: Kopulation. Zeichnungen F. WEICK aus GLUTZ & BAUER 1988.

wobei dann schwer zu entscheiden ist, wer wen jagt. Der Konflikt zwischen Fluchtbereitschaft, Aggression und sexuellem Stimulus ist gerade in diesen Verfolgungsjagden deutlich zu spüren. In Hetzpausen kommt es dann zu stark ritualisierten Imponier- und Balzgesten des Männchens, das mit flach an den Boden oder die Unterlage gedrücktem Körper, gesträubtem Gefieder und Schwanz und abgesenkten Flügeln präsentiert (GLIEMANN 1976, eig. Beob., Abb. 7.1). Alte Männchen können dabei die auffälligen Flügelspiegel besonders gut zur Geltung bringen. Nach eigenen Aufzeichnungen und Beobachtungen von REINO ANDERSSON (1990) sind auch Inspektionen potentieller Nestplätze und alter, vorjähriger Nester durch das vom Männchen begleitete Weibchen, Teil der Vorbereitung auf das Brutgeschehen. Paarungsaufforderungen und Kopulationen finden öfters an exponierten, erhöhten Stellen, z.B. auf Dachfirsten statt (Abb. 7.1 B). Der Kopulation kann in Einzelfällen offenbar auch beim Hausrotschwanz Kloakenpicken vorausgehen (Nesenhöner 1956), ein Verhalten, das bei einer Reihe anderer Arten beobachtet wurde und zumindest bei der Heckenbraunelle vielleicht dazu dient, das Weibchen zur Ejakulation des Spermas eines potentiellen Vorgängers zu bewegen (Birkhead & Møller 1992, Davies 1992). Kopulationen werden am Beginn der Partnerbeziehung durch längere, ritualisierte Aufforderungs- bzw. Imponiergesten eingeleitet und begleitet (Beschreibung z.B. in Nesenhöner 1956), spielen sich aber später in der Saison nach kurzen Aufforderungen durch das Weibchen (geduckte Körperhaltung, starkes Flügelzittern) öfters übergangslos ab und dauern nur wenige Sekunden (Nesenhöner 1956, eig.Beob.).

Die Paarbindung dürfte in der Regel über eine Brutsaison andauern; Fälle, wo ein Paar sogar drei Bruten miteinander hochzog, sind mehrfach beschrieben worden (z.B. Angaben in Senk 1962). Reviertreue (Kap. 8.2) und deutliche Präferenzen für bestimmte Reviere können sogar dazu führen, daß die Partner eines Paares in aufeinanderfolgenden Jahren gemeinsam Junge hochziehen. Im Tiroler Dorf Rinn war dies z.B. 1990/91 bei einem im ersten Jahr als *paradoxus*-Männchen beringten Vogel und seinem Weibchen der Fall (Kollinsky 1993). Der Fall zeigt aber auch, wie wenig der anthropozentrische Begriff „Partnerschaft“ auf Vogelbeziehungen zutrifft. Denn die Wiederverpaarung mit dem „vertrauten“ Vorjahresgespons hinderte das Männchen nicht daran, die günstige Gelegenheit zum „Ehebruch“ zu nützen und einen Teil seiner Energien auf ein zweites Weibchen zu konzentrieren. Mit diesem zog es in simultaner Bigynie eine weitere Erstbrut hoch und startete sogar - auf Kosten (?!) des „Erstpartners“ -, eine zweite Brut.

Um- und Neuverpaarungen während einer Brutsaison dürften überhaupt häufiger vorkommen und sind nicht immer auf den Ausfall eines Partners zurückzuführen (Senk 1962). Exakte Nachweise von Partnertreue sind nur zu führen, wenn beide Partner früh in der Saison individuell markiert werden können, was gar nicht so einfach ist. Christian Kollinsky hat 1990 und 1991 von insgesamt zehn Paaren verwertbare Daten gesammelt. Sieben von zehn Männchen (davon drei Einjährige) waren zur Zweitbrut mit demselben Weibchen verpaart wie bei der Erstbrut, drei mehrjährige Männchen hatten sich aber neu verpaart.

Interessant ist der Fall eines mehrjährigen Männchens, das, möglicherweise nach Verlust seines Weibchens, eine erfolgreiche Zweitbrut mit dem Weibchen des Nachbarreviers hochzog. Dessen Partner bei der Erstbrut, ein einjähriges *cairei*-Männchen, blieb im weiteren Verlauf der Brutsaison unverpaart, hielt sich aber bis mindestens Ende August im angestammten Revier auf.

Auch diese Beispiele zeigen deutlich, wie flexibel sich beide Geschlechter in ihren Sexualstrategien an die jeweiligen Rahmenbedingungen anpassen, um ihren Gesamtreproduktionserfolg zu verbessern. Für Romantik bleibt da wenig Platz.

7.3 Saisonale Einpassung

Daten zur Brutphänologie und zur Zahl der Jahresbruten sind für Westeuropa in Cramp 1988, für Nordeuropa in Andersson 1990, für Mitteleuropa u.a. bei Nesenhöner 1956, Nicolai 1990a, 1992c und Havlin 1976, sowie für den

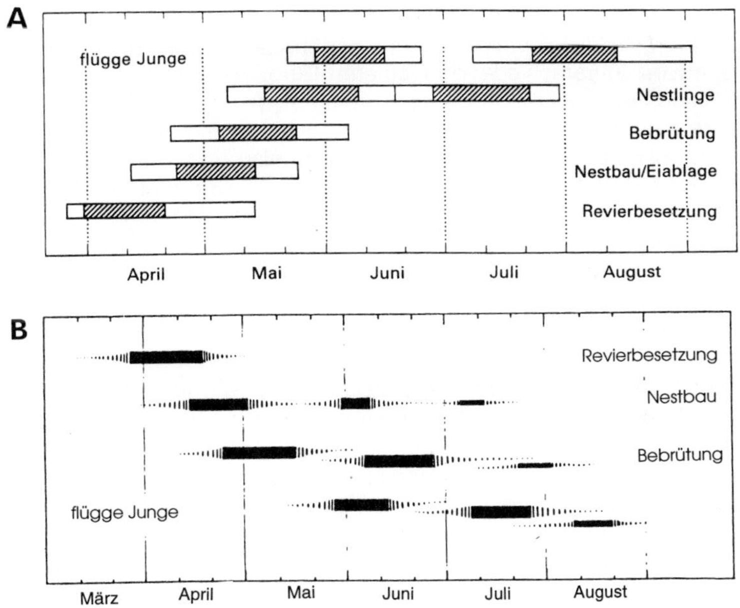

Abb. 7.2: Phänologie des Brutablaufes beim Hausrotschwanz im Alpenraum und im nördlichen Mitteleuropa. A: Montandörfer Tirols (650-1000 m NN). Schraffur: Hauptperioden; weißer Balken: Einzelfunde. Daten der zweiten Brut unvollständig, Nestbau- und Brutzeiten daher nicht eingezeichnet. Nach eigenen Daten aus den Jahren 1982-87 (aus Glutz & Bauer 1988). B: Daten aus Sachsen-Anhalt unter Berücksichtigung von Erst-, Zweit- und wahrscheinlicher Drittbruten. Aus Nicolai 1992 c.

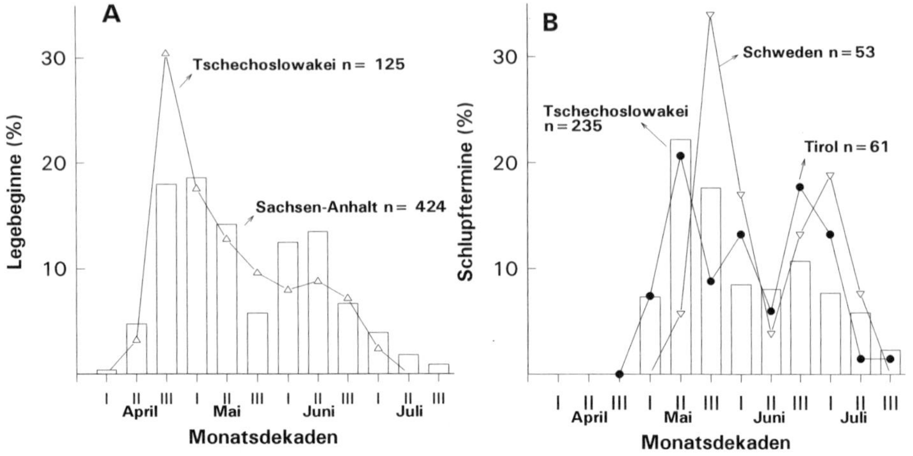

Abb. 7.3: Jahreszeitliche Verteilung der Legebeginne bzw. Schlüpftermine beim Hausrotschwanz in verschiedenen Gebieten Europas.

A: Legebeginne pro Dekade in der südlichen CSSR und in Sachsen-Anhalt (nach Havlin 1976 bzw. Nicolai 1992c, verändert). B: Schlüpftermine pro Dekade in der südlichen CSSR, in zwei Tiroler Dörfern (920m NN) und in Götburg, Südschweden. Nach Havlin 1976, Kollinsky 1993, Andersson 1990, verändert.

Alpenraum bei Landmann 1987, Kollinsky 1993 dargestellt, und in Glutz & Bauer 1988 zusammengefaßt. In den Abb. 7.2. und 7.3 sind exemplarisch Daten aus Gebieten unterschiedlicher Höhenlage und verschiedenen Breitengrades präsentiert. Im Flachland und in Mittelgebirgsregionen Mitteleuropas fällt der Höhepunkt des Legebeginns auf die letzte Aprildekade und die erste Maipentade, in Südschweden schlüpfen die Jungen der ersten Brut im Mittel am 4. Juni, der mittlere Legebeginn ist dort daher auf die 3. bis 4. Maipentade zu datieren. Vergleicht man diese Daten mit dem Zeitpunkt der Reviergründung (Kap. 6.1, Abb. 6.1), so verstreichen zwischen der Ankunft im Brutgebiet und dem Brutbeginn mindestens zwei Wochen, im Schnitt aber wohl drei bis vier Wochen (z.B. Andersson 1987, 1990, Menzel 1983, Nicolai 1992c; eig. Daten), die zur Revierabsteckung, Partnerwahl und zum Nestbau benötigt werden. In Magdeburg und Halberstadt fand Bernd Nicolai (1992c) Hinweise darauf, daß die Zeitspannne bis zum Legebeginn bei späterer Revierankunft verkürzt wird. Tatsächlich gibt es auch aus anderen Gebieten Hinweise, daß beim Hausrotschwanz unter günstigen Witterungsbedingungen eine gewisse Synchronisation der Lege- und Schlüpftermine erfolgen kann, auch wenn die Revierbesetzungsdaten stärker auseinanderliegen (z.B. Nesenhöner 1956, Kollinsky 1993). Eine solche Beschleunigung der vor dem Brutbeginn abzuwickelnden „Geschäfte" könnte adaptiv sein, und dazu dienen, Nachteile verspäteter Ankunft auszugleichen. Die Reaktionsmöglichkeiten dürften allerdings, vor allem für junge Vögel, beschränkt sein. So streuten in unseren zwei Tiroler Untersuchungsdörfern 1990, bei sehr günstigen Witterungsverhältnissen, die Ankunftszeiten der brutaktiven mehrjährigen Männchen über sechs Pentaden und die Schlupftermine in ihren Revieren über sieben. In drei Viertel aller Gelege schlüpften aber innerhalb von 15 Tagen die Jungen aus. Hingegen verteilten sich die Ankunftstermine einjähriger Männchen über neun Pentaden, die Schlupftermine aber ohne klare Massierung über 12 Pentaden.

Die Fähigkeit zur stärkeren Synchronisation des Brutgeschehens ist besonders bei Gebirgsvögeln als Anpassung an die kurze Vegetationsperiode weit verbreitet. Leider fehlen aber beim Hausrotschwanz genauere brutbiologische Untersuchungen aus dem Primärhabitat. Naturgemäß verschiebt sich entlang des Höhengradienten der Brutkalender um einige Wochen nach hinten. In der Schweiz differieren die Hauptlegezeiten zwischen den Tieflagen (< 700 m) und den höheren Montan- und Subalpinlagen (1300-1500m) um etwa drei Wochen (GLUTZ & BAUER 1988), so daß also, wenn man etwa die saisonale Einpassung der Erstbruten in Südschweden (s.oben) zum Vergleich heranzieht, etwa 1000 Höhenmeter einer latitudinalen Verschiebung um über 1000 km entsprechen.

7.3.1 Zweite und dritte Bruten

Die Häufigkeit und Erfolgsschancen von Zweit- oder Drittbruten sind ein entscheidender Populationsparameter und beim Hausrotschwanz auch vor dem Hintergrund der Arealausweitungen (Kap. 3) und Zunahmetendenzen (Kap. 8) interessant.

In weiten Teilen seines süd- und mitteleuropäischen Areals unternimmt der Hausrotschwanz regelmäßig zwei, seltener auch drei Jahresbruten (vgl. HAVLIN 1976, MENZEL 1983, GLUTZ & BAUER 1988, NICOLAI 1990a, 1992c).

Die Termine der Erst- und Zweitbruten sind dabei als Folge der asynchronen Ankunft im Brutgebiet und der zeitlich versetzten Legebeginne auch innerhalb einzelner Populationen immer mehr oder weniger stark ineinander verschachtelt (Abb. 7.3). In Mittelgebirgslagen können z.B. in Tirol bis mindestens 10. Juni noch regelmäßig Nester mit Jungvögeln der Erstbrut gefunden werden. Die spätesten Nestlinge der ersten Brut fliegen um den 20. Juni aus, während erste Feststellungen sicherer Zweitbrutnestlinge auf den 12. Juni fallen. Die meisten Zweitgelege werden aber erst in der dritten Junidekade gezeitigt. In der ehemaligen Tschechoslowakei liegen zwischen dem Beginn der ersten und zweiten Brut (vor allem im Juni) durchschnittlich 40 Tage, wobei auch dort bereits Ende Mai mit Zweitbruten begonnen werden kann (Havlin 1976). Ganz ähnlich liegen die Verhältnisse in Sachsen-Anhalt (Nicolai 1992c - Abb. 7.3). Die Häufigkeit von Zweitbruten variiert offenbar nicht nur in Abhängigkeit von Höhenlage und Breitengrad, sondern auch von Jahr zu Jahr je nach Witterung und ist zudem stark vom Alter und der Erfahrung abhängig, denn mehrjährige Männchen schaffen signifikant öfter eine zweite Brut als einjährige (s. Kap. 6.4.3.).

In der ehemaligen Tschechosolowakei führen nach den Angaben von Havlin (1976) nur etwa 50% der Brutpaare eine Zweitbrut durch, was sich in etwa mit den Verhältnissen in unseren Tiroler Dörfern deckt, wo in Normaljahren wohl nicht mehr als 55-65 % aller Paare eine Zweitbrut beginnen. Demgegenüber nimmt Nicolai (1992c) für Sachsen-Anhalt eine außergewöhnlich hohe Zweitbrutrate von 90 % an. Sie sinkt in höheren Lagen und am Nordrand des Areals drastisch ab. In den südschwedischen Untersuchungsflächen von Andersson (1990) starteten nur elf von 30 (37%) erfolgreichen Paaren eine Zweitbrut. In Ausnahmefällen kommen aber im südlichen Skandinavien sogar noch Drittbruten vor (Christensen 1990). Für erfolgreiche zweite Bruten reicht auch in höheren Berglagen die Zeit meist nicht aus, obschon vereinzelt bis auf über 2300 m Meersehöhe Zweitbruten beobachtet wurden (U. Glutz in Glutz & Bauer 1988). Zwischen dem Ausfliegen einer Brut und dem Legebeginn für die nächste Brut dürften meist einige Tage bis zwei Wochen verstreichen. Brutverschachtelungen und rasche Abfolge einzelner Bruten, die Voraussetzungen für erfolgreiche Drittbruten sind, scheinen aber recht häufig vorzukommen (Übersicht in Glutz & Bauer 1988, Nicolai 1990a). In einem Fall in Tirol flogen die Jungen eines Paares bei einer Dreierbrut innerhalb von 71 Tagen aus (6.6., 9.7.,15.8 - H. Hörmann). Drittbruten bzw. Spätbruten, deren Nestlinge selten bis in die erste Septemberhälfte, im Extremfall sogar Anfang Oktober (Freuler 1990) im Nest bleiben, dürften beim Hausrotschwanz häufiger sein, als bislang angenommen. Da aber Ersatzbruten und späte Zweitbruten, vor allem junger Elternvögel, häufig auftreten, sind auf indirekten Kalkulationen beruhende Schätzungen, wonach beim Hausrotschwanz bis zu 10% Drittbruten vorkommen (Nicolai 1990 a, c), mit Vorsicht aufzunehmen.

7.4 Neststandort, Nest und Nestbau

Die sorgfältige Wahl eines geschützten Neststandortes ist besonders für Gebirgsvögel, deren Gelege und Jungvögel einem rauhen Klima mit extremen Temperatursprüngen ausgesetzt sind, entscheidend (Böhm & Landmann 1995). Wie die meisten anderen Hochgebirgsvögel ist der Hausrotschwanz primär ein Felsspalten- und Felsnischenbrüter. Da diese Standorte schwer

Abb. 7.4: Ungewöhnlicher Hausrotschwanz-Neststandort etwa 0.5 m über Grund in einem Ziegelstapel in einer häufig genutzten Garage. Man beachte, daß der Nesteingang durch eine Karkasse abgedeckt war, so daß die Altvögel von rückwärts über eine Ritze einfliegen mußten. Auffällig sind auch die überdurchschnittlichen Nestdimensionen die sich exakt dem Nischenraum anpassen. Ähnlich auffällige Nistplätze gingen in Tiroler Dörfern im übrigen fast immer auf Paare mit einjährigen Männchen zurück.
Fotos A. LANDMANN.

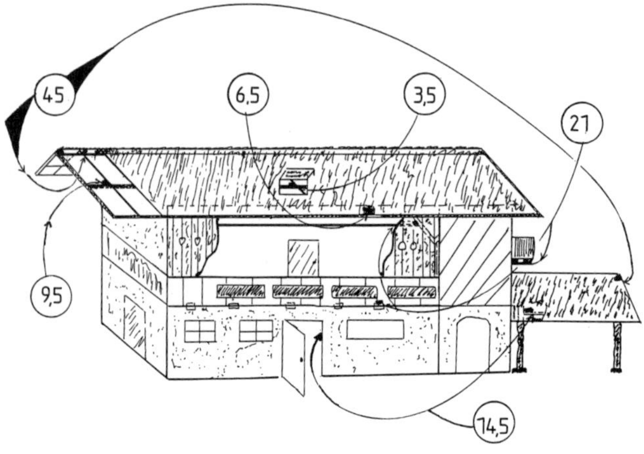

Abb. 7.5: Neststandorte des Hausrotschwanzes an Gebäuden. Grobschematische Darstellung nach Daten aus neun Tiroler Dörfern. Prozentwerte der Verteilung. Aus LANDMANN 1987.

zugänglich und kaum einmal frei sichtbar sind (LÖHRL 1979), gibt es über Details der Neststandorte in Primärhabitaten kaum genauere Informationen. In der Mongolei waren zwei Nester in schmale, nur 3.5 cm breite, aber 35 cm tiefe Vertikalspalten eingesenkt (KNEIS & SPRETKE 1985) und damit besonders gut geschützt. Ganz ähnliche Neststände fanden auch SCHÄFER (1938) in Tibet und LÖHRL (1979) in den Ötztaler Alpen. An Molassefelsen des Berner Mittellandes baut der Hausrotschwanz seine Nester besonders häufig im oberen, freien Teil der Wände (HAURI 1988).

In Dörfern und Städten gibt es eine unüberschaubare Fülle potentiell geeigneter Neststandorte, die der Hausrotschwanz überraschend flexibel zu nutzen weiß. Die Literatur ist voll mit Schilderungen extremer Neststandorte, auf die hier im Detail nicht eingegangen werden soll (Übersichten z.B. in MENZEL 1983, GLUTZ & BAUER 1988).

Selbst die meisten Extremstandorte zeigen aber die Vorliebe für etwas dämmrige, gut geschützte, und häufig überdachte bzw. abgedeckte Plätze (z.B. Abb. 7.4, 7.5). Sind solche Grundbedürfnisse erfüllt, kann der Hausrotschwanz am Brutplatz auch gegenüber starkem Lärm und konstanten Störungen überraschend unempfindlich sein. In einer Sandgrube im bayrischen Hilpoltstein zog z.B. ein Paar seine Jungen auf dem Gestänge im Inneren eines Generators erfolgreich auf, obwohl dieser täglich 10-12 Stunden in Betrieb war und während der Jungenaufzucht wiederholt seinen Standort wechselte (REINSCH 1979). Auch der hohe Anteil von Hausrotschwanz-

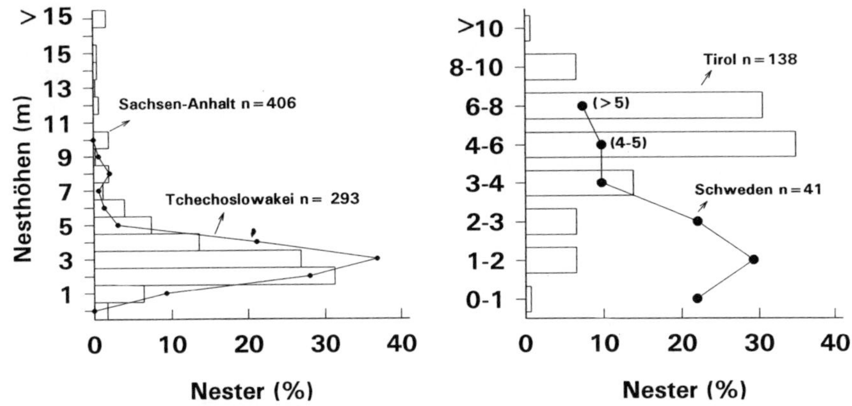

Abb. 7.6: Höhe des Neststandes über dem Erdboden in vier Gebieten Europas (Sekundärbiotope). Nach PIKULA 1980, NICOLAI 1992c, LANDMANN 1987, ANDERSSON 1990, verändert.

Bruten in, meist auch von Menschen genutzten Innenräumen weist auf Störungsunempfindlichkeit hin. In Sachsen-Anhalt befinden sich z. B. etwa ein Drittel (NICOLAI 1992c), in Tirol immerhin noch etwa 15 % aller Nester im Inneren von Gebäuden. Ständige Störungen können jedoch zu ungenügender Futterversorgung und erhöhter Jungensterblichkeit führen (NICOLAI 1990).

Bei aller Flexibilität sind aber selbst im Sekundärbiotop klare Präferenzen für bestimmte Nestplätze erkenntlich. In Tiroler Dörfern zieht der Hausrotschwanz überraschend stereotyp dunkle Plätze in Winkeln zwischen Dachbalken der Giebelseite vor, meist in größeren Gebäuden (ca. 55 % aller Nester). Auch der größte Teil der restlichen Nester liegt mehr oder weniger frei auf Balken des Dachstuhles oder auf Stützbalken von Balkonen oder abgedeckten Bauernhoflaben (Abb.7.5). Balken und Pfetten in geschützten Winkeln werden auch in anderen Gebieten häufig als Nestauflagen genutzt; z.B. in 94 von 339 (28%) Fällen in Sachsen-Anhalt oder in 19 von 50 Fällen (38%) in Göteburg (NICOLAI 1992c, ANDERSSON 1990). Nicht allzu selten werden Nester anderer Vogelarten, vor allem von Rauchschwalbe und Amsel, als Unterlage benutzt und Halbhöhlennistkästen angenommen (Abb. 7.10). In Industriegebieten und Urbanhabitaten dürften Mauernischen, Rüstlöcher, Dachspalten und ähnliche, den primären Neststandorten stärker entsprechende Halbhöhlungen als Neststandorte häufiger sein als im ländlichen Siedlungsraum (z.B. etwa 45 % aller Nester in Sachsen-Anhalt und 25 % im Hafen von Göteburg; NICOLAI 1992c, ANDERSSON 1990). Die Unterschiede in der Zugänglichkeit, im Mikroklima und Feinddruck, die zwischen freieren Balkennestern und Nestern in tieferen Halbhöhlungen bestehen, dürften übrigens den Ausfliegetermin beeinflussen, denn nach Beobachtungen von Löhrl (1979) fliegen Junge aus geschützten Röhren oder Halbhöhlen deutlich später und „gereifter“ aus. Die Wahl des Neststandortes kann somit nicht nur den Ausfliegeerfolg beeinflussen (z.B. waren in Schweden Paare mit Nestern im Inneren von Gebäuden erfolgreicher als solche außerhalb; Andersson 1990); ihr kommt möglicherweise auch erhebliche Bedeutung als steuernder Faktor der Sterblichkeit in der besonders kritischen Flügglingsperiode zu. Inwieweit auch die Höhe des Neststandortes eine Rolle bei der Feindvermeidung spielt, ist fraglich. In Sachsen-Anhalt hatten aber Nester in geringer Höhe, vor allem wegen des hohen Anteils an Totalausfällen, deutlich geringeren Erfolg (Nicolai 1992c). Dazu paßt auch, daß in unseren katzenreichen Bauerndörfern die Nester überdurchschnittlich hoch liegen. Neststandhöhen zwischen 2-4 m gelten in den meisten Gebieten als bevorzugter Bereich (z.B. 85 % von 694 Nestern unter 4 m; Menzel 1983; Abb. 7.6). Hingegen lagen in den Tiroler Dörfern nur 28 % der Nester ähnlich niedrig, 38 % sogar deutlich höher (über 6 m). Im Extremfall können Nester auch bis über 30 m hoch, z.B. in Kirchtürmen, liegen, was allerdings bei einem ursprünglich in Felswänden brütenden Vogel nicht weiter überrascht.

Die **Nistplatzwahl** erfolgt beim Hausrotschwanz nach bisheriger Meinung allein durch das Weibchen (vgl. Nesenhöner 1956, Menzel 1983, Glutz & Bauer 1988). Indizien für eine gelegentliche Mitbeteiligung der Männchen lassen sich aber aus eigenen Befunden und anderen Beobachtungen ableiten (Senk 1962). Für Ersatz- und Zweitbruten wird meist ein neues Nest gebaut, das je nach Habitat und Siedlungsdichte nur wenige Meter, öfter aber 30 bis 100 m, ja bis 250 m vom Erstnest entfernt sein kann (eig. Daten, Andersson 1990). Andererseits werden aber mitunter schon für die Erstbrut vorjährige Nester bzw.Neststandorte angenommen und u.U. bis zu drei Bruten im selben Nest aufgezogen (Glutz & Bauer 1988).

Nestbau: Beim Hausrotschwanz baut normalerweise nur das Weibchen das Nest (vgl. aber Schulze zit. Nicolai 1992 c). Nistmaterial wird zumeist im näheren Umkreis (10-15 m) des Nestes gesammelt und mit einer tageszeitlich stark variierenden Intensität (Höhepunkte am Morgen) eingetragen und verbaut (Nesenhöner 1956, Menzel 1983). Für die Fertigstellung des Nestes braucht das Weibchen, je nach Witterung, aber auch in Abhängigkeit vom Nestvolumen und Neststandort, meist fünf bis acht Tage, nicht selten auch länger, u.U. bis zu zwei Wochen (Daten z.B. in Senk 1962, Menzel 1983, Glutz & Bauer 1988, Andersson 1990). Manche Hausrotschwanz-Weibchen leisten sich sogar den Luxus, gleichzeitig mehrere Nester nebeneinander zu bauen, vollenden dann aber oft nur eines (Berndt 1942, Eicher 1962, Andersson 1990).

Tab. 10: Maße (in mm) und Massen (g) von Hausrotschwanznestern aus der Schweiz (H. LANZ in GLUTZ & BAUER 1988) und Sachsen-Anhalt (NICOLAI 1992c).

Parameter	**SCHWEIZ**				**SACHSEN-ANHALT**			
	Mittelwert	Min	Max	n	Mittelwert	Min	Max	n
Nesthöhe	84	50	130	45	81	70	100	7
Durchmesser (außen)	147x193	100 x?	? x 290	4	148x181	140x160	150x200	7
Durchmesser Mulde	59.5	52	66	46	64	60	70	7
Tiefe Mulde	41,9	34	55	46	52	50	55	6
Nestbodenstärke	41	8	80	34	31	20	45	7
Nestgewicht	52,3	28	88	11	67	60	75	5

Das **Nest** ist ein insgesamt recht voluminöser und solider Napf (Abb. 7.7, Tab. 10), dessen vergleichsweise tiefe, gerade im Gebirge oft mit Tierhaaren und Federn üppig ausgepolsterte Mulde, Anpassungen an die Bedingungen des Primärlebensraumes erkennen läßt. Die Weibchen verstehen es geschickt, Größe und Umfang den Gegebenheiten anzupassen (Abb. 7.4) und erreichen damit eine optimale Wärmeisolation und Abschirmung. Im Extremfall können Nester über 20 cm breit und mehr als zehn cm hoch sein, und bis zu 225 g wiegen (NICOLAI 1992c, eig. Daten).

Unterbau, Außenrahmen sowie der Mittelteil des Nests bestehen vor allem aus längeren, trockenen Halmen, daneben werden häufig Moos, seltener auch Würzelchen, Flechten, Federn oder Papier und Tuchfetzen benutzt. Für die Innenauspolsterung verwenden die Weibchen neben Tierhaaren und Federn öfters auch gut isolierende Materialien, wie Glaswolle, Watte oder Werg.

7.5 Eier, Gelege, Bebrütung

Der Hausrotschwanz hat reinweiße, nur selten blaßblau angehauchte Eier (Abb. 7.7) und zeigt also auch in dieser Hinsicht Anpassungen an die ursprünglichen Neststandorte in tiefen, dunklen Felsspalten. Die Eier messen im Mittel nicht ganz 20 x 15 mm und wiegen etwas über zwei g (genaue Daten in MENZEL 1983, GLUTZ & BAUER 1988). Die Eiablage findet, wie bei den meisten Singvögeln, jeweils mit einem Tag Abstand, in den frühen Morgenstunden statt, was u.a. den Vorteil hat, daß die für die brüchige Schale kritischen Entwicklungsphasen während der nächtlichen Ruhephase durchlaufen werden (SCHIFFERLI 1979). Ausnahmsweise hat NESENHÖNER (1956) aber auch Eiablage am Nachmittag registriert.

Abb. 7.7: Nest und Vollgelege des Hausrotschwanzes. Foto H. Hörmann

Die **Gelegegröße** des Hausrotschwanzes zeigt in Europa nur geringe saisonale, geographische und höhenabhängige Variation (Tab.11). Ein Trend zur Abnahme der durchschnittlichen Gelegegröße im Laufe der Saison ist kaum zu erkennen, nur wirklich späte Gelege im Juli sind deutlich kleiner. In der Schweiz sind Gelege in höheren Lagen durchschnittlich etwas größer als in tieferen und auch späte Gelege sind groß, was möglicherweise als Anpassung an die in Hochlagen verringerten Chancen für Zweitbruten, zu sehen ist.

Das durchschnittliche Hausrotschwanz-Vollgelege enthält in allen Gebieten und Höhenlagen fünf Eier (Tab.11). Der Prozentsatz von Fünfergelegen liegt bei Erstbruten in allen Untersuchungen um oder über 70 % (z.B. in der ehemaligen Tschecholsowakei 73.4 %, n =128, Havlin 1976; in Ostdeutschland 70 %, n = 148 bzw. 139, Menzel 1983, Nicolai 1992c).

Häufig sind daneben mit 15-25 % Anteil noch Vierergelege, während Sechsergelege schon seltener, aber noch normal, und Dreiergelege nur bei späten Bruten einigermaßen häufig sind. In etwa 0,5 bis 2% der Fälle treten größere Gelege mit 7-8, fallweise sogar bis zu 10 Eiern auf. Diese Fälle sind aus populationsdynamischer Sicht relativ unbedeutend, aber aus evoluti-

Tab. 11: Mittlere Gelegegröße des Hausrotschwanzes in Abhängigkeit vom Legedatum und der Höhenlage. Daten aus der Schweiz, dem Rheinland (nach einer Zusammenstellung in Glutz & Bauer 1988), der ehemaligen Tschechoslowakei (Havlin 1976) und Sachsen-Anhalt (Nicolai 1992c). Für die ehem. Tschechoslowakei sind nur summarische Daten für die Erstbrut (EB) bzw. Zweitbrut (ZB) verfügbar.

	Schweiz > 1000 m		**Schweiz < 1000m**		**Tschecho-slowakei**		**Sachsen-Anhalt**		**Rheinland**	
	$\bar{x}$	n	$\bar{x}$	n	$\bar{x}$	n	$\bar{x}$	n	$\bar{x}$	n
April	-	-	4.83	54	EB:	128	4.75	44	5.00	31
Mai	4.83	116	4.69	109	4.98		4.93	95	5.14	64
Juni	5.04	54	4.86	63	ZB:	65	4.92	60	4.90	41
Juli	4.80	25	4.17	23	4.77		3.75	12	4.54	26

onsbiologischer Sicht interessant, da hierbei wohl meist zwei Weibchen beteiligt sind. Dies ist deshalb bemerkenswert, weil die Ergebnisse einiger neuerer DNA-Studien andeuten, daß intraspezifischer Brutparasitimus auch bei sozial primär monogamen Vogelarten wahrscheinlich häufiger ist als bisher angenommen. Das würde heißen, daß auch die Weibchen Möglichkeiten gefunden haben, sich für die offenbar weit verbreiteten „Betrügereien" der Männchen zu „revanchieren".

Das Weibchen beginnt erst nach der Ablage des letzten Eies oder in der vorangehenden Nacht mit dem eigentlichen Brutgeschäft. Die Brutdauer beträgt in Mitteleuropa 12-17, im Mittel 14 Tage, wobei eine Brutbeteiligung des Männchens wohl nur in seltenen Ausnahmefällen und in vernachlässigbarem Umfang vorkommt (s. Nesenhöner 1956).

Das Verhalten und den Aufwand des brütenden Weibchens hat Nesehöner (1956) ausführlich studiert. In den Morgen und Vormittagsstunden verbringt demnach ein Hausrotschwanz-Weibchen 60-80 % seiner Zeit brütend auf dem Nest. An drei Beobachtungstagen wurde das Nest z.B. während neun Stunden nur 10-11 mal für 10-20 minütige Jagdunternehmungen verlassen.

7.6 Aufzucht der Jungen: Einfluß des Alters und Geschlechts der Eltern

Die Jungvögel schlüpfen beim Hausrotschwanz weitgehend synchron (oft innerhalb weniger Stunden), in Einzelfällen zieht sich das Schlupfgeschehen aber auch bis zu 20 Stunden hin (z.B. Senk 1962, Menzel 1983). Nesthäkchen als biologische Reserve, wie sie z.B. bei Meisen häufig vorkom-

Abb. 7.8: A. Ein Hausrotschwanz-Weibchen nimmt den Kotballen direkt von der Kloake eines schon älteren Jungvogels ab. B. Ein Altvogel beim Abtransport eines Kotballens. Zeichnung F. Weick, A. nach einem Foto von H. Hörmann, B. nach eigenen Skizzen.

men, kann sich der Hausrotschwanz offenbar nicht leisten. Die elterliche Fürsorge gegenüber den Nestlingen umfaßt neben den Futter- und Huderleistungen (nur das Weibchen hudert) auch erhebliche Aufwendungen zur Reinhaltung des Nestes (Abb.7.8). Die Eischalen werden unmittelbar nach dem Schlupf ausgetragen und Kot wird in den ersten Nestlingstagen gefres-

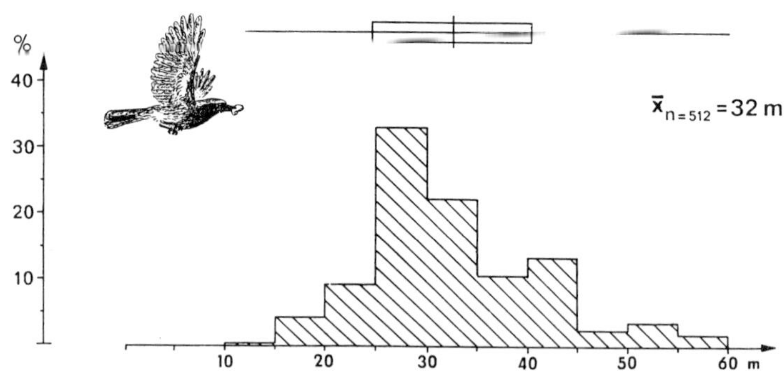

Abb. 7.9: Entfernung der Kotablagen vom Nest beim Hausrotschwanz. Verteilung der Einzelnachweise (Balken) mit Mittelwert, Standardabweichung und Variationsbreite. Daten von mehr als 25 Brutpaaren in Magdeburg und Halberstadt. Aus Nicolai 1989.

sen. Männchen wie Weibchen tragen aber danach den Kot mehrtägiger Jungvögel konsequent fort und neigen dazu, die Kotballen an exponierten Stellen wie Lagerstapeln, Mauern, Zäunen, Leitungsdrähten usw. abzulegen (Rössler 1984, Nicolai 1989). Hervorzuheben ist, daß die Kotballen immer in erheblicher Entfernung vom Nest abgelegt werden (Abb.7.9). Kotablageflüge, die offenbar mit erheblichem energetischen Aufwand verbunden sind (s. Angaben in Nicolai 1989), müssen daher als wichtige Strategie zur Feindvermeidung angesehen werden. Zudem ist wohl bei Nischen- und Höhlenbrütern Nesthygiene besonders wichtig, um Parasitenbefall zu minimieren und die Jungen vor Verschmutzung zu schützen.

Die Intensität der **Fütterung** hängt von einer Fülle von Faktoren ab, unter denen die wichtigsten Tageszeit, Witterung, Lebensraumstruktur, Art und Größe der verfügbaren Beute sowie Alter und Zahl der Jungvögel und Geschlecht und Erfahrung der Altvögel sind. Beim Hausrotschwanz sind nach den Angaben bei Nesenhöner 1956, Menzel 1983, Glutz & Bauer 1988, sowie nach Daten von Christian Kollinsky, folgende Trends erkennbar:

- Über den gesamten Tag wird mit relativ gleichbleibender Intensität gefüttert. Die Fütterungsfrequenzen sind nur am frühen Morgen und späten Nachmittag etwas höher. In Tirol errechnet sich aus 51 je dreißigminütigen Fütterungsprotokollen (an 22 Nestern) für beide Altvögel eine mittlere Fütterungsaktivität von 19.4 Fütterungen pro Stunde (Kollinsky 1993), aus den Daten bei Nesenhöner (1956) für zwei Nester (57 Beobachtungsstunden), ein Wert von 16.3 Fütterungen pro Stunde.
- Weibchen füttern zwar in der Regel etwas häufiger als Männchen, statistisch lassen sich die Unterschiede zwischen den Geschlechtern aber nicht sichern. Dennoch bestehen in der Art des Fütterungsaufwands erhebliche Unterschiede. Weibchen füttern nämlich über die gesamte Nestlingsperiode hinweg relativ gleichmäßig, vor allem gibt es während eines Tages kaum einmal größere Unterbrechungen im Futterrhythmus. Männchen füttern hingegen in den ersten Nestlingstagen wesentlich weniger intensiv und schalten generell öfters längere Fütterungspausen ein. Sie übergeben aber anfänglich teilweise Beute an das Weibchen und bringen nach den Beobachtungen von Nesenhöner auch größere Beutestücke ein.
- Die Intensität der Fütterungen steigert sich in der zweiten Hälfte der Jungenaufzucht zwar bei beiden Geschlechtern, die Unterschiede waren aber in Tirol nur beim Männchen signifikant (Abb. 7.11: Männchen: $p = 0.04$, Weibchen: $p = 0.12$; U-Tests). Interessant ist auch, daß Männchen sich bei den Erstbruten offenbar etwas stärker an der Fütterung beteiligen als bei Zweitbruten.
- Differenzen im Fütterungsaufwand in Abhängigkeit vom Alter der Eltern sind möglich, aber nicht immer nachzuweisen.

Abb.7.10: Der Hausrotschwanz bezieht mitunter auch Nistkästen mit Halbhöhlencharakter. Hier werden fast flügge Jungvögel gefüttert. Zeichnung F. Weick nach einem Foto von E. Hortig.

Vor dem Hintergrund der in den vorangegangenen Kapiteln diskutierten Strategien sind solche Aspekte natürlich besonders interessant. Im Val de Susa, in den italienischen Alpen, konnten Cucco & Malacarne (1993 und unpubl.) keinen Unterschied in der Fütterleistung junger und alter Männchen feststellen. Unser eigenes Material liefert aber erste Hinweise dafür, daß sowohl einjährige Männchen als auch deren Weibchen weniger fütterten als ältere Männchen und deren Weibchen (Abb. 7.11). Die Unterschiede lassen sich allerdings nur sichern, wenn man den Fütterungsaufwand beider Geschlechter zusammenfaßt (p = 0,02, U-Test). Diese Unterschiede können mit der schlechteren Qualität der Reviere junger Männchen zu tun haben. Da nach Daten bei Andersson (1990) junge Männchen aber offenbar auch häufig mit einjährigen Weibchen verpaart sind, kann sich unter ungünstigen Umständen der Erfahrungsmangel beider Eltern summieren.

Beide Elternteile betreuen die Jungen auch nach dem Ausfliegen. Flügge Hausrotschwänze werden bis zu drei Wochen, meist aber nur etwa zehn Tage im Revier gefüttert. Bei 14 Paaren in Schweden fütterten in neun Fällen beide Elternteile alle Jungvögel gemeinsam im selben Areal, in fünf Fällen kam es aber zu einer Aufteilung der 3-4 Jungen, wobei das Männchen jeweils nur einen (und wahrscheinlich immer denselben) Jungvogel betreute (Andersson 1985a). Derartige Arbeitsteilungen zwischen den Geschlechtern

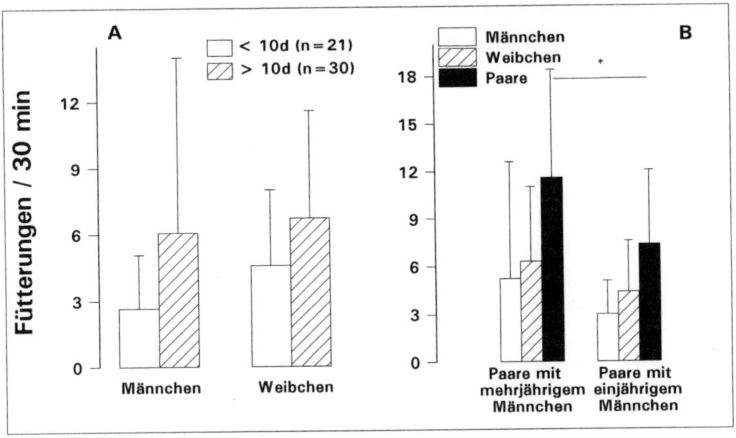

Abb. 7.11: Einfluß verschiedener Faktoren auf den Fütterungsaufwand beim Hausrotschwanz. A: Geschlecht der Altvögel und Alter der Jungvögel. B: Erfahrung: Fütterungsaufwand bei Paaren mit mehrjährigen bzw. einjährigen Männchen. n = Zahl der Protokolle a´ 30 min, bei B für das Gesamtmaterial beider Geschlechter = 38 bei mehrj. bzw. 13 für Paare mit einj. Männchen. Daten von insgesamt 22 Nestern. Nach Kollinsky 1993, verändert.

Abb.7.12: Flügge Jungvögel werden bis zu 3 Wochen im Revier gefüttert. Die Betreuung übernimmt manchmal das Männchen allein. Die stummelschwänzigen Flügglinge sitzen in Erwartung des Futters häufig exponiert in Bodennähe oder auf Holzstößen und Zäunen und werden dabei öfters von Katzen erbeutet. Zeichnung F. Weick nach Fotovorlagen von H. Hörmann.

haben nicht nur energetische Vorteile, sondern erleichtern möglicherweise z.B. auch das Auffinden der Jungvögel. Die Jungen der Erstbrut betreut aber beim Hausrotschwanz das Männchen öfters allein weiter, und ermöglicht so dem Weibchen eine rasche Wiederaufnahme des Brutgeschäftes.

Die Männchen leisten also einen wesentlichen Beitrag für die Jungenaufzucht und es ist verständlich, daß es vor allem bei suboptimalen Bedingungen auch für die Weibchen essentiell ist, sich die ungeteilte Mithilfe eines möglichst erfahrenen Männchens zu sichern. Da in Populationen des Hausrotschwanzes nomalerweise Weibchenmangel herrschen dürfte (Verpaarungsraten Kap. 6.4.3), sollten auch junge Weibchen öfters die Chance bekommen, sich mit einem älteren Männchen zu verpaaren. Dies ist auch der Fall (ANDERSSON 1990), und es wäre interessant zu wissen, ob sich umgekehrt auch ältere Weibchen mit jungen Männchen einlassen.

7.7 Entwicklung der Jungvögel

Hausrotschwänze sitzen bei ungestörtem Brutablauf meist 15-17 (Extremwerte 12-19) Tage im Nest (Details in GLUTZ & BAUER 1988, NICOLAI 1992c). Sie durchlaufen in dieser Zeit, wie alle altricialen (= echte Nesthocker) Singvögel, eine stürmische Körpermassen-, Gefieder- und Körperentwicklung, wie dies die Abb. 7.13-7.15 für nur eine Woche auseinanderliegende Abschnitte verdeutlichen. Frisch geschlüpfte Junge wiegen ca. 1,5 g und können dieses Geburtsgewicht in etwa zehn Tagen verzehnfachen. Dazu ist maßloser Appetit vonnöten und junge Hausrotschwänze sperren und betteln dementsprechend bis zum 5. - 6. Lebenstag selbst bei leisestem Verdacht auf Annäherung eines potentiellen Futterspenders. Nach Beobachtungen von NESENHÖNER (1956) ducken sich die Jungen erst ab dem siebten

Abb. 7.13: Ein 8-9 Tage alter Hausrotschwanz. Die Augen sind völlig offen, die Arm- und Handschwingen sind bereits einige mm sichtbar, die Blutkiele werden sich in 1-2 Tagen völlig geöffnet haben. Zeichnung F. WEICK nach einem Foto von C. KOLLINSKY.

Abb. 7.14: Fast flügge Jungvögel in einem in Siedlungen der Alpen besonders typischen Nest. Das Nest ist im dämmrigen Winkel zwischen Dachbalken und Dachpfette gebaut. Die Entfernung Nestoberrand zur Decke beträgt typischerweise nur 10-15 cm. Zeichnung F. WEICK nach einem Foto von H. HÖRMANN.

Lebenstag vor einer vors Nest gehaltenen Hand, vorher betteln sie diese an. Die Jungen schlüpfen blind und weitgehend nackt, haben aber auffällig lange, fädige Daunen auf dem Kopf und Hinterrücken. Bis zum fünften Tag sind weite Teile des Körpers mit Federscheiden bedeckt, die Augen beginnen sich zu öffnen und die Blutkiele der Flügel und Schwanzfedern platzen ab dem sechsten bis achten Tag (Abb. 7.13). Ab dem elften Lebenstag wirken junge Hausrotschwänze weitgehend befiedert und jetzt fällt auf, daß das Jugendkleid des Hausrotschwanzes zwar etwas scheckig, im Gegensatz zu fast allen anderen kleinen Drosseln aber kaum gefleckt ist. Hybriden Garten- x Hausrotschwanz hatten demgegenüber ein fleckigeres Kleid (LANDMANN 1987a, Abb. 7.15).

Mit dem Ausfliegen ist die Jugendentwicklung aber bei weitem nicht abgeschlossen. Die Stummelschwänze brauchen noch zwei bis drei Wochen, bis sie Altvogellänge erreicht haben, und bis zur Jugendmauser im Sommer und Frühherbst vergehen meist noch zwei bis drei Monate (s. auch BERTHOLD 1983 für handaufgezogene Vögel). Die Pneumatisation des Schädel-

Abb. 7.15: Hybride zwischen Haus- und Gartenrotschwanz im Alter von 15-18 Tagen. Dieser flügge Jungvogel entspricht phänotypisch eher einem Hausrotschwanz, ist aber stärker gesprenkelt. Foto A. LANDMANN.

dachs, die paradoxerweise u.a. durch eine Volumensreduktion des als Bewegunsgzentrum für den Flüggling so wichtigen Kleinhirns eingeleitet wird, läuft beim Hausrotschwanz zwar vergleichsweise schnell ab, dauert aber immerhin noch zwei bis drei Monate und ist meist Ende August abgeschlossen (WINKLER 1979).

Wer im Herbst, durchgemauserte, diesjährige Hausrotschwänze sicher erkennen will, muß sich also an subtile Gefiedermerkmale halten (s.Kap. 2.2, vgl. ANDERSSON 1991, GLUTZ & BAUER 1988).

8 Populationsökologie

Die Populationsgrößen einer Art werden durch vier Parameter bestimmt: Geburts- und Todesraten sowie Einwanderungs- und Abwanderungsfrequenz. Die Größe und Schwankungsbreite dieser Faktoren wird von vielen, komplex ineinander verwobenen, externen (z.B. Biogeographie, Habitat, Feinddruck) und internen Variablen (z.B. Territorialität, Geschlechtsreife, Geschlechtsverhältnis) beeinflußt, von denen beim Hausrotschwanz nur eine kleine Auswahl untersucht ist. Wir wollen hier zuerst räumliche und zeitliche Muster von Populationsgrößen darstellen und dann exemplarisch die Dynamik des Populationsaufbaus und die Variabilität des Reproduktionserfolges aufzeigen.

8.1 Siedlungsdichte und Populationsgrößen

Die Siedlungsdichte des Hausrotschwanzes schwankt in Abhängigkeit von Breitengrad, Höhenlage (Abb.4.9) und Habitatqualität (Kap.4) außerordentlich. Die in zahlreichen faunistischen Arbeiten niedergelegten Dichteangaben, meist bezogen auf 10 ha, sind zudem wegen der stark abweichenden Flächengrößen und unterschiedlicher Aufnahmemethoden kaum vergleichbar. Deshalb ist es schwierig und wohl auch wenig sinnvoll, hier nochmals eine detaillierte Zusammenstellung von Einzelwerten zu bringen (vgl. z.B. Daten in Menzel 1993, Glutz & Bauer 1988, Flade 1994). Obwohl die Reviergrößen des Hausrotschwanzes unter günstigen Bedingungen nur 0,5-1 ha betragen (Kap.6.3), sind auch in optimalem Gelände immer erhebliche Bereiche zwischen den einzelnen Revieren unbesiedelt, so daß fünf Hausrotschwanz-Paare pro 10 ha schon als sehr hohe Dichte anzusehen ist. Auf größeren Bezugsflächen sinken dementsprechend die Dichten sehr rasch ab (Daten in Bezzel 1993) und auf einem Quadratkilometer werden nirgends viel mehr als 50 Paare brüten. Schon 20 Reviere/ km² sind als hohe Flächendichte zu werten. Angaben von 80 bis 150, oder gar mehr Revieren pro Quadratkilometer (z.B. in ANDERSSON 1987, CRAMP 1988) beruhen auf unzulässigen Hochrechnungen und sind meiner Meinung nach unrealistisch.

Die höchsten kleinflächigen Dichten werden überall in ländlichen Siedlungsgebieten erreicht. In Mittelgebirgs- und Tieflandregionen Mittel- und Osteuropas sind jedoch selbst in kleinen Dörfern im Mittel nur 2-3 Reviere pro 10 ha zu erwarten (z.B. GERHARD 1993 für 14 Dörfer des bergischen Landes; FLADE 1994; zerstreute Daten aus der ehemaligen Tschechoslowakei und Polen). In den Alpen sind aber 4-8 Reviere pro 10 ha auch in größeren Untersuchungsflächen normal (Abb. 4.9). Innenstadtareale, Wohnblock- und Neubauviertel und die meisten Industriebezirke beherbergen nur selten mehr als 1-2 Hausrotschwanzreviere pro 10 ha, obschon gerade in Industriegebieten kleinflächige Konzentrationen mit wesentlich höheren Dichten öfters beschrieben wurden. In alpinen Primärhabitaten sind meist deutlich weniger, selten mehr als ein Paar pro 10 ha anzutreffen. Aus neun Untersuchungen in 50-550 ha großen Alpinflächen der österreichischen und schweizerischen Alpen und dem Appennin läßt sich eine mittlere Siedlungsdichte von 0.8 (0.1-1.6) Revieren /10 ha errechnen (GLUTZ & BAUER 1988, ILLNER et al. 1992, WINDING et al. 1993), wobei auch in der Alpinstufe die Dichten in stärker vom Menschen geprägten Flächen (Straßenbauwerke, Hütten, Liftanlagen) höher sind.

Großräumige Bestände, Bestandsschwankungen

Der Hausrotschwanz ist einer der wenigen europäischen Singvögel, die in den letzten Jahrzehnten großräumig nicht abgenommen, und in vielen Gebieten wahrscheinlich sogar zugenommen haben. Eine Analyse der Fangzahlen der süddeutschen Station Mettnau hat nach zwanzigjährigem Betrieb nur bei fünf von 35 Singvogelarten positive Regressionskoeffizienten der Fangzahlen ausgewiesen, darunter sind neben dem Hausrotschwanz mit Singdrossel, Wintergoldhähnchen und Mönchsgrasmücke drei weitere Kurzstreckenzieher (BERTHOLD et al. 1993). Im gesamten Bodenseeraum hat der Hausrotschwanz zwischen 1980/81 und 1990/91 zwar kaum neue Gebiete erobert, aber nach (vorsichtig zu interpretierenden) Hochrechnungen von BAUER & HEINE (1992) seinen Bestand stark erhöht (Abb. 8.1). Stabile Bestände oder Zunahmen werden auch aus vielen anderen Regionen gemeldet; Bestandszuwächse sind in den Ausbreitungsgebieten am Nord- und Nordostrand des Areals besonders auffällig (Tab.12). Möglicherweise sind Zunahmen auch mit stärkerer Besiedlung, stärker baumbestandener Biotope verknüpft. So hat in Nord- und Mitteldeutschland die Frequenz und Dichte des Hausrotschwanzes in Gartensiedlungen wahrscheinlich zuge-

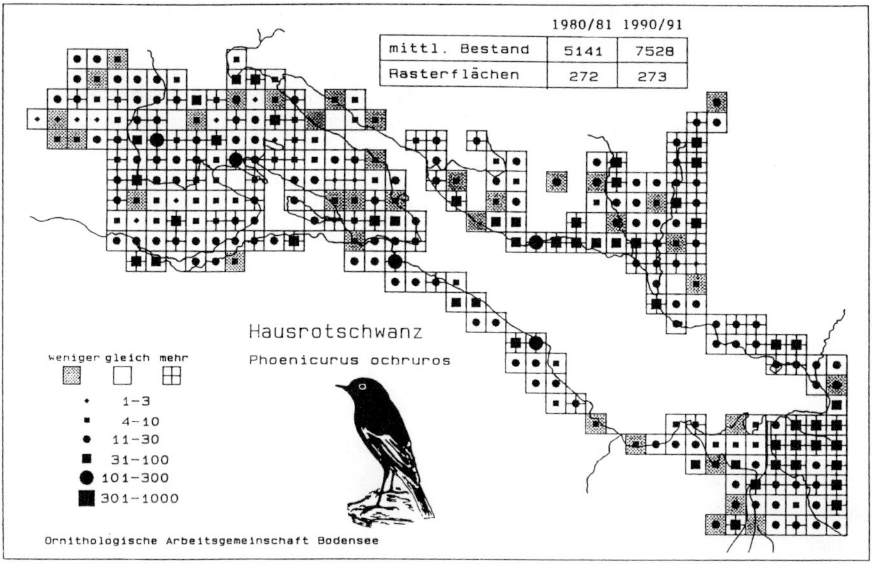

Abb. 8.1: Relative Bestandsveränderungen des Hausrotschwanzes im Bodenseeraum zwischen 1980 / 81 und 1990 / 91. Zu- und Abnahme bzw. geschätzte Bestandsgrößen pro 4 km² Raster 1990 / 91. Auch wenn die Gesamtbestände und die Dimension der Zunahme wegen der Hochrechentechnik m. E. wahrscheinlich überschätzt werden, ist die Zunahme insgesamt doch auffällig. Aus Bauer & Heine 1992.

nommen (Flade 1994) und im Kanton Zürich werden nach Weggler (1991) neuerdings auch gebäudefreie Obstgärten besiedelt. Vielleicht ist bei der Eroberung dieser neuen Habitate sogar der durch Hybridisierung mit dem Gartenrotschwanz erweiterte Genpool hilfreich (Kap. 2.3).

Der Gesamtbestand des Hausrotschwanzes in Europa beträgt nach inoffiziellen Schätzungen wohl mindestens 4 Millionen Brutpaare, in Mitteleuropa zwischen 1,5 - 2 Millionen.(Tucker & Heath 1992, Tab. 12)

Um den Hausrotschwanz braucht man sich also, zumindest im überregionalen Maßstab, vorläufig keine Sorgen zu machen.

Lokal kann es aber durchaus, z.B. in Folge von Lebensraumveränderungen, zu Abnahmen kommen (z.B. Andersson 1987; Abb. 4.4). Lokale Bestandsschwankungen sind beim Hausrotschwanz schlecht untersucht, können aber im Einzelfall recht beträchtlich sein (Abb. 8.2) und die Beurteilung von Trends in der Bestandsentwicklung erschweren. In den beiden nur 2 km

Tab. 12: Grobe Bestandsgrößen und Bestandstrends des Hausrotschwanzes in verschiedenen Ländern Europas (Beurteilungszeitraum 1970-1990). Großteils nach vorläufigen Daten in Tucker & Heath 1992, ergänzt durch Angaben in Bezzel 1993, Nicolai 1993, und andere aktuelle Daten. Die Flächengrößen erlauben eine grobe Abschätzung der Dispersion und Häufigkeit des Hausrotschwanzes in den einzelnen Ländern bzw. Regionen. + = Zunahmetrend.

Land	**Fläche (km^2 in 1000)**	**Bestand (in 1000)**	**Trend**
Belgien	30,5	25-40	0
Dänemark	43,1	0.2-0.4	+
Deutschland	357,1	540-(2800)	0
(Ostdeutschland)	108,8	190	0-+
England	130,3	0.1	+
Estland	45,1	0.1-0.2	+
Finnland	337,0	<0.1	+
Frankreich	544,0	110-1000	+
Griechenland	132,0	10-15	0
Italien	301,2	100-200	0
Lettland	63,7	0.4-0.8	+
Liechtenstein	0,2	0.3-0.5	0
Litauen	65,2	> 1	+
Luxemburg	2,6	12-15	0
Niederlande	41,2	20-28	+
Norwegen	323,9	< 0.1	+
Österreich	83,9	230-300	0-+
Polen	312,7	50-200	0-+
Portugal	91,6	10-100	0
Rumänien	237,5	20-80	+
Schweden	449,8	5-10	+
Schweiz	41,3	250-500	0
Spanien	504,9	400-900	0
Ungarn	93,0	50-60	+

voneinander entfernten Tiroler Dörfern Rinn und Tulfes schwankte die Zahl revierhaltender Männchen von 1982 bis 1991 (mit Erhebungslücken 1988/89) zwischen 15-23 bzw. 12-19, wobei die Schwankungen in beiden Dörfern weitgehend gleichsinnig verliefen. In beiden Dörfern gab es einen (knapp nicht signifikanten) Abnahmetrend, der möglicherweise mit der Umwandlung bäuerlicher Dorfareale und zunehmender Begrünung in Neubaubereichen in Zusammenhang steht. In einem Stadtteil von Magdeburg, in dem die Fläche baumbestandener Grünanlagen reduziert wurde und der Anteil

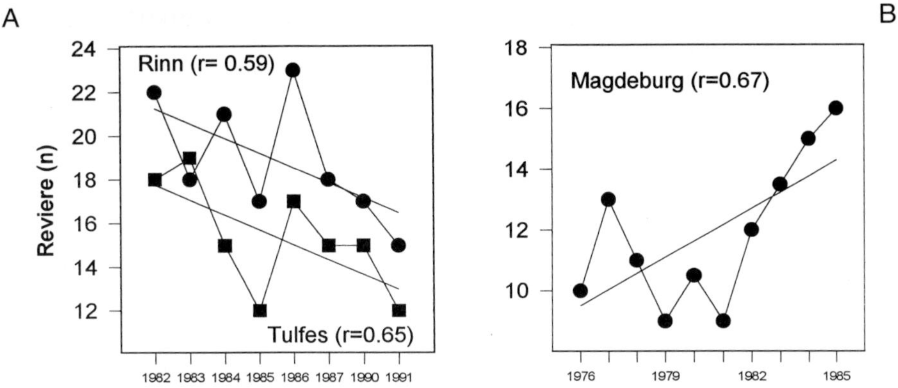

Abb. 8.2: Bestandsschwankungen und Bestandsentwicklung des Hausrotschwanzes in drei 20-26 ha großen Untersuchungsgebieten in A. Tirol (LANDMANN Original), bzw. B. Sachsen-Anhalt (nach NICOLAI 1988, verändert).

versiegelter und überbauter Flächen stieg, nahm hingegen in einer Zehnjahresperiode der Bestand signifikant zu, zeigte aber ebenfalls stärkere Schwankungen (9-16 Reviere) von Jahr zu Jahr (NICOLAI 1988, Abb.8.2).

8.2 Dynamik des Populationsaufbaus und Dispersal der Jungvögel

Auch bei gleichbleibender Höhe der Bestände kann von Jahr zu Jahr der Altersaufbau einer lokalen Population erheblich schwanken. Das wird u.U. auch Auswirkungen auf den Reproduktionserfolg des Bestandes haben, da junge Vögel insgesamt schlechtere Reproduktionsleistungen erbringen.

Der Anteil revierhaltender einjähriger Männchen in Brutpopulationen des Hausrotschwanzes schwankt in größeren Stichproben konstant zwischen 45-60 % und dürfte im Mittel 51-53 % betragen. In neun Dörfern im Innsbrucker Mittelgebirge waren zwischen 1982 und 1991 im Mittel 51.2 % (n=445) der Männchen einjährig; in einzelnen Untersuchungsflächen gab es aber von Jahr zu Jahr ganz erhebliche Schwankungen im Anteil der Altersgruppen (Abb. 8.3). Bei flächenhaften Brutvogelkartierungen 1989 und 1990 im Tiroler Lechtal (84 km^2) waren von 315 Sängern mit bekanntem Alter 119 (47.3%) im braunen Jugendkleid (CH. BÖHM & A. LANDMANN). Auf die Abgrenzung von *paradoxus*-Männchen konnte dabei aus Zeitgründen nicht

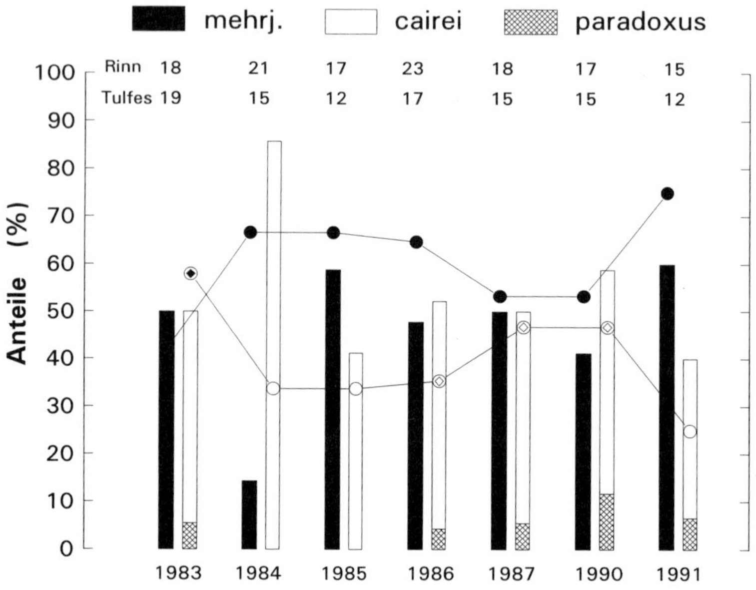

Abb. 8.3: Jährliche Schwankungen im Altersaufbau zweier Lokalpopulationen des Hausrotschwanzes, dargestellt an Hand der Anteile mehrjähriger und einjähriger, revierhaltender Männchen (Zahlenreihen). Dorf Rinn: Balken, Dorf Tulfes: Kurven (Punkte = mehrj.-; Kreise = *cairei*-Männchen; Jahre mit offenen bzw. vollen Rauten: ein bzw. zwei *paradoxus*-Männchen inkludiert. A. LANDMANN Original.

immer konsequent geachtet werden. Rechnet man aber einen Prozentsatz von etwa 7.3% *paradoxus*-Männchen dazu (Tab. 2), so ergibt sich auch für dieses Untersuchungsgebiet ein Anteil junger Männchen von 51,1 %. Diese Daten stimmen verblüffend genau mit den Angaben aus verschiedenen Gebieten Ostdeutschlands überein, wo im Mittel 52 % der Männchen einjährig sind (NICOLAI 1992). Etwas niedriger sind die Anteile, wenn stichprobenartige Flächenkartierungen mit einer größeren Zahl von Mitarbeitern durchgeführt werden. Wohl deshalb, weil auch nicht-singende mehrjährige Männchen als solche erkannt werden, nicht-singende braune Männchen aber nicht sicher zuzuordnen sind. So wurden in der gesamten Steiermark in den Jahren 1989 und 1990 Meldungen über die Alterszugehörigkeit von Hausrotschwanz- Männchen gesammelt, wobei sich von 340 Meldungen 223 (65,6%) auf mehrjährige Männchen bezogen (P. SACKL, L. ZECHNER briefl.).

Falls sich die Mortalitätsraten der Geschlechter nicht wesentlich unterscheiden, kann man annehmen, daß auch der Anteil junger Weibchen ähnlich hoch wie jener junger Männchen ist. Da man ferner annehmen kann, daß der Anteil junger Vögel weitgehend der Mortalitätsrate mehrjähriger Vögel entspricht, lassen sich aus solchen Zahlen auch Berechnungen über den durchschnittlichen Altersaufbau von Hausrotschwanz-Populationen anstellen. Da die Übereinstimmung mit den aus Wiederfundraten berechneten jährlichen Mortalitätsraten (55,3 % für adulte; ERARD & YEATMAN 1967) sehr gut ist, erhält man aus derartigen Berechnungen ein wahrscheinlich ziemlich reales Bild des Altersaufbaus. Demnach wären etwa 90 % aller geschlechtsaktiven Hausrotschwänze ein bis drei Jahre alt und unter 1000 Männchen nur etwa 30 Fünfjährige und ein Zehnjähriger zu finden (NICOLAI 1992). Dazu paßt gut das bisher bekannte Höchstalter eines freilebenden Hausrotschwanzes: 10 Jahre (GLUTZ & BAUER 1988).

Am Aufbau lokaler Hausrotschwanz-Populationen sind offenbar fremde, nicht am Ort geborene Jungvögel stark beteiligt. Nach den spärlichen Beringungsdaten ist zwar die Brutort- und auch Reviertreue ein- bis mehrjähriger Vögel beiderlei Geschlechts sehr hoch (z.B. Daten in DROST & DESSELBERGER 1932, SENK 1962, ANDERSSON 1987, 1990, 1995, GLUTZ & BAUER 1988), die Geburtsorttreue aber möglicherweise überraschend gering.

In Tulfes und Rinn wurden z.B. von 37 im Jahr 1990 beringten Vögeln im nächsten Jahr 15 (41%) wieder im selben Dorf angetroffen, wobei die Rückkehrrate bei mehrjährigen Männchen (46%, n = 13) höher als bei einjährigen Männchen und Weibchen (38% n = 8 bzw. 16) war. (KOLLINSKY 1993). Unter Berücksichtigung der jährlichen Sterblichkeit (s. oben) bedeutet das, daß praktisch wohl alle überlebenden Altvögel ihrem vorjährigen Brutort treu blieben.

Von 97 beringten Nestlingen wurde aber kein einziger im nächsten Jahr in einem der beiden Dörfer wiedergefunden. Obschon die Jungvogelsterblichkeit beim Hausrotschwanz nach einer Auswertung von Ringwiederfunden etwa bei 68 % liegt (ERARD & YEATMAN 1967), hätte man bei Geburtsorttreue mit dem Wiederfund von 27 Jungvögeln rechnen müssen. Der Umstand, daß auch kein Austausch zwischen den 2 km entfernten Dörfern stattfand, läßt auf einen erheblichen Dispersionsdrang von Jungvögeln schließen. Dies wird durch Ringfunde (DROST & DESSELBERGER 1932, ERARD & YEATMAN 1967, NICOLAI 1992d) belegt, die zwar mittlere Dispersions- bzw. Fremdansiedlungsdistanzen von unter 50 km wahrscheinlich machen, in Einzelfällen aber auch bis über 300 km belegen. Dieses ausgeprägte Streuungsverhalten junger Hausrotschwänze ist aus mehrfacher Hinsicht von Interesse (s. allgemein BAUER 1987):

Einerseits sind die Aufenthaltsorte bis zum Abzug im Herbst wohl oft die bevorzugten Ansiedlungsgebiete im Folgejahr. Jungvögel, die nach dem Flüggewerden rasch aus dem Geburtsgebiet abwandern, dürften hier wichtige Erfahrungen für die nächste Brutsaison sammeln und wahrscheinlich auch Teile ihres Gesanges lernen (NICOLAI 1992d). Andererseits ist dieser Abwanderungsdrang der Jungvögel wesentliche Voraussetzung für die Neueroberung von Lebensräumen und somit ein wesentlicher Faktor für die erfolgreiche Arealausweitung des Hausrotschwanzes. Dementsprechend hoch sind auch die Anteile junger Vögel in Gründer- und Grenzpopulationen (Hinweise z.B. in Fitter 1955 für England, Andersson 1987, 1995 für Südschweden).

Besonders hoch scheint in solchen Grenzpopulationen der Anteil nicht territorialer, unverpaarter Vögel (vor allem junge Männchen) zu sein (Andersson 1987, 1995). Diese sogenannten „Floater“ sind einerseits als Populationsreserve anzusehen, die bei Ausfall eines Revierbesitzers rasch einspringen. Möglicherweise haben diese Männchen aber grundsätzlich andere Strategien und versuchen, z.B. über „extra pair copulations“, ihren Reproduktionserfolg zu verbessern. Auch in unseren Tiroler Dörfern tauchen immer wieder streunende junge Männchen auf, die oft nur wenige Tage an einzelnen Plätzen singen und dann nicht mehr zu sehen sind. Mehrfach wurden aber Reviere nach dem Verschwinden des angestammten Besitzers mitten in der Brutsaison plötzlich von jungen Männchen, deren Herkunft unklar war, übernommen (s.auch Andersson 1991a, 1995, Nicolai 1994).

8.3 Populationsregulation

8.3.1 Reproduktionserfolg, Verluste

Der Bruterfolg hängt beim Hausrotschwanz u.a. stark vom Neststandort ab (Kap.7). Da die Nester meist gut geschützt sind und für Nestfeinde schwer erreichbar angelegt werden, sind sowohl Ei- als auch Jungvogelverluste relativ gering. Nach den Daten der Tab. 13 und eigenen Beobachtungen dürften unter normalen Umständen aus etwa 85-90 % der Eier Junge schlüpfen und 90-95 % der geschlüpften Jungvögel auch zum Ausfliegen kommen. Die Verlustraten werden allerdings durch Totalverluste einzelner, besonders exponierter Nester, gedrückt. Totalverluste, die z.B. in Tirol nur 10% der Nester betrafen (n = 70), waren im Siedlungsbereich nach Aufzeichnungen von Nicolai (1992c) und Andersson (1990) nur zu etwa 20-30 % der Fälle auf Nesträuber (Katzen, Elstern), in mehr als einem Drittel der Fälle aber auf menschliche Störung zurückzuführen; die restlichen Fällle waren fraglich. Besonders in Berglagen können Kälteeinbrüche die Nestlingssterblichkeit drastisch erhöhen (H. Lanz in Glutz & Bauer 1988). Zu weiteren Verlusten kommt es durch Ektoparasiten (Menzel 1983) und durch den Kuckuck, der in manchen Gegenden, z.B. im Alpenraum, regelmäßig beim Hausrotschwanz schmarotzt (Abb.8.4). Der Bruterfolg ist darüber hinaus auch von der Jahreszeit und zum Teil wohl auch von der Erfahrung der Eltern

Abb. 8.4: Haurotschwanzweibchen füttert Jungkuckuck. Ein besonders im Alpenraum nicht allzu seltenes Bild. Foto N. Winding.

abhängig. In der ehemaligen Tschechoslowakei (Havlin 1976), in Südschweden (Andersson 1990) und teilweise auch in Tirol (Abb.8.5), waren Zweitbruten erfolgreicher als Erstbruten (Tab.13). Dies kann zum Teil auf das verbesserte Nahrungsangebot im Spätfrühling zurückzuführen sein, aber teilweise auch damit zu tun haben, daß an den Zweitbruten erfahrene Altvögel einen höheren Anteil stellen. Gemessen an der Zahl älterer Nestlinge waren in Tirol Paare mit einem mehrjährigen Männchen bei der Zweitbrut erfolgreicher als Paare mit einjährigen Männchen (Abb. 8.5; Details vgl. Kap.6.4.3).

8.3.2 Gesamtreproduktion

Christian Kollinsky hat 1990/91 in 18 Fällen die Gesamtreproduktion individueller Männchen (Erstbrut und eventuelle Zweitbrut) bestimmt. Sie betrug im Mittel 6.05 (± 2.75 sd) Junge pro Jahr. Werden Polygyniefälle einbezogen, erhöht sich der Wert auf 6,95 (± 3.60 sd). Ein polygynes Männchen war mit 14 Jungvögeln besonders erfolgreich. Mit bis zu 15 flüggen Jungvö-

Tab. 13: Daten zum Reproduktionserfolg beim Hausrotschwanz in verschiedenen Gebieten Europas (Daten aus HAVLIN 1976, NICOLAI 1992c, MENZEL 1983, MILDENBERGER 1984 zit. GLUTZ & BAUER 1988, ANDERSSON 1990).

Nesterfolg (= % Nester mit mindestens einem Flüggling) Schlupferfolg (= % geschlüpfter Eier), Nestlingserfolg (= % geschlüpfter Eier, die Flügglinge ergaben) Flügglingserfolg (= % gelegte Eier, die Flügglinge ergaben). In Klammer jeweils Stichprobengrößen. Für zwei Gebiete sind zusätzlich mittlere Gelegegrößen, Nestlings- und Flügglingszahlen angegeben; für Schweden auch separat die Zahl von Flügglingen pro Brutversuch bzw. pro erfolgreichem Paar.

	Nesterfolg	Schlupferfolg (Gelegegröße)	Nestlingserfolg (Nestlingszahl)	Flügglingserfolg (Flügglingszahl)
Tschechoslowakei	73 (98)	78 (453)	94,6 (354)	74 (453)
-Mw. Erstbrut		4,98 (128)	4,56 (152)	4,45 (135)
-Mw. Zweitbrut		4,77 (65)	4,53 (85)	4,45 (67)
Sachsen-Anhalt	88 (122)	87,4 (593)	92,5 (518)	80,8 (593)
-Mw. Erstbrut		4,86 (122)	4,32 (122)	3,93 (122)
Ostdeutschland	88,5 (78)	88 (788)	84,6 (?)	79 (?)
Niederrhein	?	83 (131)	83 (109)	69,5 (131)
Südschweden	73,2 (41)	?	?	?
- Mw.				2,8 -3,9 (41, 30)

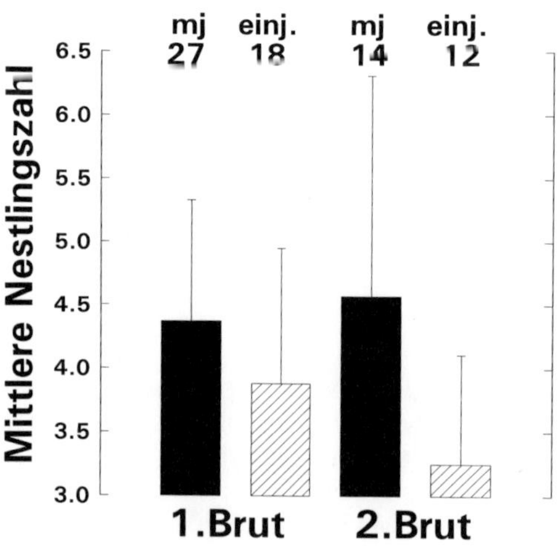

Abb. 8.5: Bruterfolg (über eine Woche alte Nestlinge) beim Hausrotschwanz in Abhängigkeit von der Jahreszeit und dem Alter des beteiligten Männchens. Die Unterschiede zwischen den Männchen sind für die Zweitbrut signifikant (4.57, n = 14, bzw. 3.18, n = 11; U-test, P < 0.01). Original nach Daten in LANDMANN & KOLLINSKY 1995.

geln pro Saison (Heyder zit. Glutz & Bauer 1988) oder 50 Jungvögeln in fünf Jahren (Becker zit. Cramp 1988) sind auch für einzelne Weibchen ähnliche Erfolge dokumentiert. Für die ehemalige Tschechoslowakei hat Havlin 1976 zwar nur eine durchschnittliche Nachwuchsrate von 5,5 Junge pro Brutpaar und Saison geschätzt, aber schon bei diesem Produktionserfolg vergrößert sich die Population am Ende der Brutzeit fast um das Vierfache. Ähnliche Werte ermittelt Nicolai (1992 c) für Sachsen-Anhalt. Damit würde rein rechnerisch sogar eine hohe Gesamtsterblichkeit von 73 % ausreichen, um Hausrotschwanz-Populationen stabil zu halten. Nach den vorliegenden Daten (s.oben) liegt aber selbst die Jungvogelsterblichkeit wahrscheinlich unter diesem Wert. Die Zunahme bzw. Arealausbreitung des Hausrotschwanzes läßt sich also auch aus diesem Blickwinkel begründen.

8.3.3 Todesursachen

Flügge Jungvögel, die in den ersten Tagen nach dem Ausfliegen noch schlecht fliegen und sich häufig zu mehreren an exponierten Stellen in Bodennähe aufhalten, sind im Siedlungsraum wohl oft eine leichte Beute für Katzen (eig. Beob.), quantitative Daten dazu fehlen aber. Der Sperber und (mit einigem Abstand) die Schleiereule dürften die wichtigsten Prädatoren für Altvögel sein. Dies geht nicht nur aus den schon bei Uttendörfer (1952) veröffentlichten Beutelisten europäischer Greife und Eulen hervor, sondern läßt sich auch aus neueren Arbeiten ableiten. In einem ländlichen Bezirk im Saarland war z.B. der Hausrotschwanz die dritthäufigste Vogelbeute der Schleiereule (14 von 674 Beutestücken- Bethge & Hayo 1979) und auch in den Beutelisten von Schweizer Sperbern kommt der Hausrotschwanz recht häufig vor (Bühler 1991). Interessant ist dabei, daß Hausrotschwänze in den Alpenteilen proportional häufiger in der Beuteliste auftauchen als bei Sperbern im Schweizer Mittelland, so daß sich also selbst darin Dichteunterschiede des Hausrotschwanzes andeuten.

Hervorzuheben ist schließlich, daß der Hausrotschwanz, im Gegensatz zu anderen häufigen Siedlungsvögeln wie Amsel, Hausspatz, Buchfink oder Rotkehlchen, kaum einmal dem Autoverkehr zum Opfer fällt (Menzel 1983, Wokac 1990). Ich halte es für möglich, daß dies mit der außerordentlichen Wendigkeit und mit der Reaktionsbereitschaft auf bewegte Objekte, die für einen Wartenjäger so wichtig sind (Kap.5), zusammenhängt. Wer jemals versucht hat, Hausrotschwänze mit Netzen zu fangen, wird wissen, wie leicht sie das Netz umfliegen oder auf leise Netzbewegungen blitzschnell ausweichend reagieren. Möglicherweise ist also der Hausrotschwanz auch dadurch an die spezifischen Milieubedingungen seines Sekundärlebensraums vorangepaßt.

9 Vom Sommer zum Winter

9.1 Auflösung der Familienverbände; Territorialität im Herbst

Während die Jungen der ersten Brut nach dem Flüggewerden rasch aus den elterlichen Revieren verschwinden, scheint der Zusammenhalt der Familien im Sommer länger zu dauern, und Jungvögel der zweiten Bruten können sich noch 3-4 Wochen im näheren Umfeld des Brutortes aufhalten (NESENHÖNER 1956). Über die Raumnutzung der Altvögel in dieser Zeit ist wenig bekannt. Ein Teil scheint, wie NESENHÖNER beobachtet hat, kurzfristig mit den Jungvögeln das Revier zu verlassen, und dieses später während der Mauser wieder aufzusuchen. Solche Ortswechsel dürften aber nach meinen Beobachtungen nicht sehr markant sein und sich vor allem auf eine etwas flexiblere Einbeziehung weiterer Umfeldareale zur Nahrungssuche beschränken. In meinen Tiroler Untersuchungsflächen blieb jedenfalls ein Großteil der Altvögel bis zum Wegzug in den Revieren; in Dorfteilen, in denen zur Brutzeit keine Reviere lagen, waren auch zwischen August und Oktober kaum einmal Hausrotschwänze anzutreffen. In der Schweiz kehrten im Spätsommer gefangene und danach versetzte alte Hausrotschwänze sogar mehrfach aus mehreren km Entfernung ins Fanggebiet zurück (BRUDERER & NEUSSER 1983).

Tab. 14: Entwicklung der Herbstgesangsaktivität des Hausrotschwanzes in fünf Tiroler Dörfern während vier etwa zehntägiger Kontrollperioden zwischen August und Mitte Oktober. Anteil singender Männchen an allen Beobachtungen innerhalb angestammter Brutreviere (aus LANDMANN 1987).

	5.-14.8.	**26.8.-3.9.**	**16.-28.9.**	**8.-18.10.**
Beob. in Revieren	89	88	126	64
singend (%)	10 (11)	13 (15)	57 (45)	37 (58)
Signifikanz	n.s	***	n.s	

Die Männchen zeigen bis zum Abzug auch Territorialverhalten, vor allem Gesang (s. auch Senk 1962, Nesenhöner 1956, Nicolai 1992d). Eigene Befunde (Tab. 14) und entsprechende Ergebnisse von Nicolai (1992d) zeigen, daß im August nur ein geringer Anteil der Revierbesitzer gesangsaktiv ist, während ab Mitte bis Ende September lebhafter, bis zum Wegzug unvermindert anhaltender Herbstgesang einsetzt.

Die Gesangsaktivtät ist also vor allem während der Mauser im August (s. unten) deutlich reduziert, setzt aber nicht ganz aus. Inwieweit der beim Hausrotschwanz besonders ausgeprägte Herbstgesang, über dessen biologische Bedeutung allgemein noch einige Unklarheit herrscht (s. Gnielka 1968), eine wichtige Funktion hat, bleibt fraglich. Besonders für eine insektivore Art ist es wahrscheinlich von Vorteil, auch nach der Brutperiode die schon vertrauten Nahrungsplätze zu monopolisieren. Auch junge Männchen im 1. Brutjahr halten offenbar bis zum Wegzug am Brutrevier fest und neigen nach vorläufigen Untersuchungsergebnissen von Martin Weggler (Vortrag Jahrestagung der DO-G in Kaiserslautern 1995) dazu, im Spätsommer Revierverschiebungen vorzunehmen. Die herbstliche Territorialität könnte so auch zur Fitness im Folgejahr beitragen, weil die dabei bezogenen (besseren) Reviere im nächsten Jahr schon bekannt sind und daher leichter verteidigt werden können. Da die Jundvögel kaum brutorttreu sind (s. Kapitel 8.2.), könnte die Herbstterritorialität die Ausgangssituation für einjährige Neuansiedler, die ohnehin bereits benachteiligt sind (s. Kapitel 6), weiter verschlechtern. Beobachtungen von Bernd Nicolai (1992d) zeigen zudem, daß, parallel zum Wiederaufleben des Gesangs der Revierbesitzer, auch die diesjährigen Jungvögel mit dem Gesanglernen beginnen, indem sie fremde Männchen nachahmen, die sie in ihren nach dem Dispersal genutzten Aufenthaltsgebieten hören. Der Herbstgesang beim Hausrotschwanz hätte damit auch indirekte „Erziehungsaufgaben“.

9.2 Mauser

Hausrotschwänze mausern bei uns zwischen Mitte Juli und Mitte Oktober mit einem Höhepunkt um die Monatswende August/September (Glutz & Bauer 1988, Kasparek 1981). Nach den Angaben in Cramp (1988) ist die Mauser auch bei den kleinasiatischen und zentralasiatischen Rassen jahreszeitlich ganz ähnlich eingepaßt. Die adulte Jahresmauser ist eine **Vollmauser** in der für Singvögel üblichen Abfolge, d.h. die Handschwingen werden von innen nach außen (deszendent) und die Armschwingen von außen nach innen (aszendent) erneuert. Die Dauer der Handschwingenmauser

Abb. 9.1: Gefiederpflege und Komfortverhalten beim Hausrotschwanz
A: Putzen nach Fütterung. (Zeichnung F. Weick nach einem Foto von H. Hörmann)
B: Trockenschütteln. (Zeichnung F. Weick nach eigenen Skizzen)
C: Sonnenbaden. (Zeichnung F. Weick nach einem Foto von P. Sackl).

beträgt etwa 50 Tage und liegt somit im für europäische Singvögel bzw. Kurzstreckenzieher normalen Bereich (Jenni & Winkler 1994).

Während etliche Singvögel das Körpergefieder (Kleingefieder) zweimal jährlich wechseln, gibt es beim Hausrotschwanz nur die Mauser nach der Brutzeit. Die Federn müssen also bis zum nächsten Herbst funktionsfähig bleiben. Dabei ist die kräftige Pigmentierung der meisten Körperpartien sicherlich hilfreich (s. auch Kap. 1.4. 2). Die besonders stark beanspruchten Flügel und Schwanzfedern sind im Frühjahr, nach dem zweimaligen Zug u. U. allerdings schon recht abgenutzt und abgestoßen.

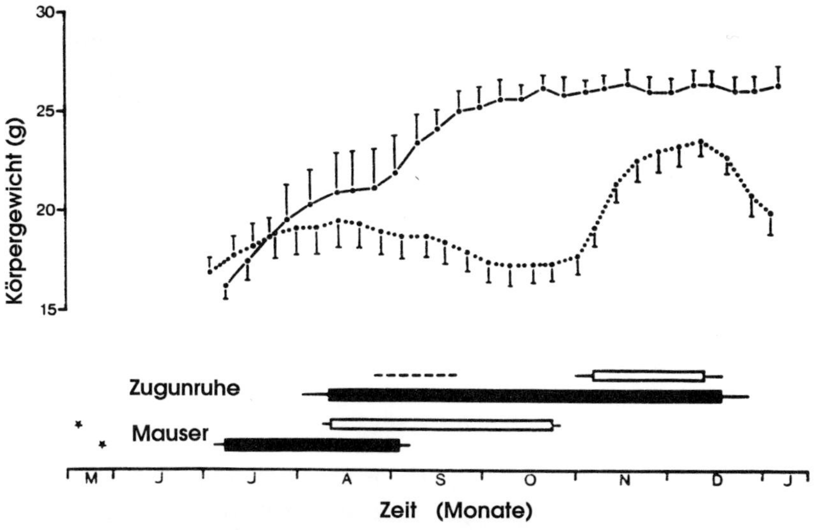

Abb. 9.2: Jugendmauser, Zugunruhe und Entwicklung des Körpergewichtes bei handaufgezogenen Hausrotschwänzen (weiße Balken, punktierte Linie), im Vergleich zum Gartenrotschwanz (schwarze Balken, durchgezogene Linie). Mittelwerte und mittlere Fehler des Mittelwertes (aus BERTHOLD 1985).

Körperpflege ist besonders während der Mauser wichtig. Deshalb sieht man im Sommer besonders häufig Komfortverhaltensweisen, wie Sonnenbaden (Abb. 9.1), das allerdings auch schon im Frühling manchmal auftritt (z.B. GLIEMANN 1976).

Die **Jugendmauser** beginnt beim Hausrotschwanz relativ spät und dauert recht lange. Zwölf handaufgezogene, um Mitte Mai aus den Nestern genommene Jungvögel, benötigten für ihre Mauser im Mittel 74 Tage und begannen damit im Schnitt erst Mitte August, also im Alter von etwa drei Monaten (BERTHOLD 1983). Freilanddaten aus verschiedenen Teilen Europas lassen aber vermuten, daß der Großteil der Jungvögel wohl früher mit der Mauser beginnt und deutlich schneller mausert, denn sowohl in Holland, wo z.T. schon Ende Juli erste vermauserte Jungvögel auftreten, als auch in der Schweiz, ist ein erheblicher Teil der Jungvögel Mitte September bereits durchgemausert (BIBER 1973, JENNI 1984, CRAMP 1988). Die Jugendmauser ist beim Hausrotschwanz nur eine **Teilmauser**, bei der neben dem Körperkleingefieder normalerweise nur die kleinen Decken (Randdecken), die mittleren Armdecken und einige (2-6) der inneren, großen Armdecken erneuert werden. Die unvermauserten, äußeren Armdecken bleiben heller braun und bilden im Herbst gegen die frischen, dunkleren, graubraunen Decken eine für die Altersbestimmung gut geeignete Mausergrenze innerhalb der großen Armdecken (weitere Details z.B. GLUTZ &BAUER 1988, JENNI & WINKLER 1994).

Vor dem Hintergrund der Frage nach dem Anpassungswert und den Ursachen der verzögerten Gefiederreifung beim Hausrotschwanz ist es aber wichtig festzuhalten, daß ein kleiner Teil sowohl der *cairei-,* als auch der *paradoxus*-Männchen schon bei der Jugendmauser eine weiteren Schritt in Richtung auffälligeres Adultkleid geht. Nach den Untersuchungen von Fänglingen im Solothurner Jura (T. SCHWALLER in GLUTZ & BAUER 1988) und nach Beobachtungen von NICOLAI (1992) in Ostdeutschland, gibt es nämlich nicht nur weibchenfärbige junge Männchen mit einzelnen schwarzgrauen Körperfedern und Flügelranddecken, sondern auch seltene Fälle, bei denen schon mehrere innere Armschwingen (Schirmfedern) vermausert sind. Dadurch kann bereits im ersten Herbst ein - allerdings meist schwacher - Flügelspiegel entstehen. Möglicherweise sind solche Fälle bei *paradoxus*-Männchen, die ohnehin bereits ein „Fortschrittskleid" anlegen, häufiger als bei *cairei*-Männchen (s. NICOLAI 1992, Fotos in JENNI & WINKLER 1994). Dies könnte ein Hinweis dafür sein, daß bei jungen Hausrotschwanz-Männchen durchaus eine gewisse Tendenz zu akkzelerierter Mauser vorhanden ist, daß aber normalerweise energetische oder sonstige Zwänge ein frühes Ummausern ins Adultkleid verhindern („moult constraint hypothesis" RHOWER & BUTCHER 1988). Es ist denkbar, daß sich gerade die *paradoxus*-Männchen in ihrer Gesamtkonstitution oder wichtigen Details (z.B. in ihrer Hormonausstattung) stärker von den restlichen Jungvögeln unterscheiden und dadurch nicht nur früher in ein „fortschrittliches" Kleid mausern können, sondern auch später Vorteile haben (vgl. Kap. 6, LANDMANN & KOLLINSKY 1995).

9.3 Zug und Überwinterung

9.3.1 Zugstrategien und Anpassungen

Mittel- und nordeuropäische Hausrotschwänze (Wanderverhalten südlicher Formen vgl.. Kap. 3.3) sind ein klassisches Beispiel für einen spät wandernden Kurz- bis Mittelstreckenzieher. Anpassungen an die Länge der Zugstrecke und die Lage der Überwinterungsgebiete sind in der jahreszeitlichen Einpassung von Mauser und Depotfettbildung, im Ausmaß der Zugunruhe, sowie in der saisonalen Änderung der Tag-Nachtaktivität zu finden.

Nach den vorliegenden Ringfunden (Abb. 3.3) haben mitteleuropäische Brutvögel meistens wohl „nur" 1500 bis höchstens 2000 km bis zu den Winterquartieren in Zentral- oder Südspanien, bzw. in Italien oder auf dem Balkan zurückzulegen. Diese Strecken kann ein Kleinvogel von der Größe des Hausrotschwanzes selbst bei einer mittleren Zuggeschwindigkeit von nur 35 km/h und selbst bei nur vierstündiger täglicher Zugaktivität theoretisch locker in zwei Wochen zurücklegen (s. FRELIN 1986). Hausrotschwänze haben es also im Herbst nicht sonderlich eilig. Während nach den Befunden von BERTHOLD (1983, 1985) z.B. der Gartenrotschwanz als Langstreckenzieher schon während der Mauser mit einer erheblichen Depotfettspeicherung beginnen muß, können es sich junge Hausrotschwänze leisten, zuerst die Mauser abzuschließen und dann erst (geringere) Reserven für den Zug aufzubauen (Abb. 9.2). Die maximale Massezunahme betrug dementsprechend bei gekäfigten Hausrotschwänzen 40%, bei Gartenrotschwänzen aber 60% ihres Ausgangsmasse. In der Voliere nahmen junge Hausrotschwänze aber immerhin von 17-(19) g auf über 23 g zu. Derartige Körpermassen und Depotfettanlagen sind im Vergleich zu Freilanddaten ungewöhnlich (s. FRELIN 1986, GLUTZ & BAUER 1988, BERTHOLD et al. 1991). Die Daten vom Chasseral im Berner Jura zeigen aber, daß zugaktive Hausrotschwänze verbrauchte Energien in kurzer Zeit erneuern können. Nach den Aufzeichnungen von OLIVIER BIBER (in GLUTZ & BAUER 1988) wogen Anfang Oktober am Morgen gefangene Hausrotschwänze im Durchschnitt um 2,6 g weniger als am Abend gefangene. Nach Berechnungen von FRELIN (1986) erhöht schon eine zusätzliche Depotfettmenge von 0,5 g die theoretische Flugkapazität des Hausrotschwanzes um fast drei Stunden.

Bei Tag oder bei Nacht?

Nach wie vor umstritten ist die Frage nach den Anteilen von Tag- und Nachtzug. Gekäfigte junge Hausrotschwänze zeigten erst nach der (möglicherweise durch die Haltung verzögerten !) Mauser ab Mitte Oktober sprunghaft ansteigende Nachtunruhe (BERTHOLD 1983). Die nächtliche Zugunruhe war im Vergleich zum Gartenrotschwanz deutlich geringer und in weniger Nächten vorhanden. Ihr Ausmaß reicht aber theoretisch gut aus, um die zu erwartenden Zugstrecken zurückzulegen (BERTHOLD 1985). Auch bei Versuchen in der Schweiz nahm die nächtliche Abflugbereitschaft gegen September zu (BRUDERER & NEUSSER 1983). Andererseits weisen Fangergebnisse und Beobachtungen im Jura sowie an schweizerischen und französischen Alpenpässen ganz deutlich auf relativ geringen Nachtzug zwischen September und Mitte Oktober, jedoch auf erhebliche gerichtete lokomotorische Aktivität tagsüber hin (Abb. 9.3). Am Chasseral im Jura bewegten sich Hausrotschwänze vor allem am Vormittag langsam (bis etwa 6 km/h) in längeren, durch Warten- bzw. Jagdaufenthalte unterbrochenen Flügen, bevorzugt in Zugrichtung fort (BIBER 1984). Derartige „bummelnde" Verschiebungen in Zugrichtungen wurden als „Schleichzug" bezeichnet und könnten nach BRUDERER & NEUSSER (1983) vor allem für die frühe Phase des Herbstzuges in

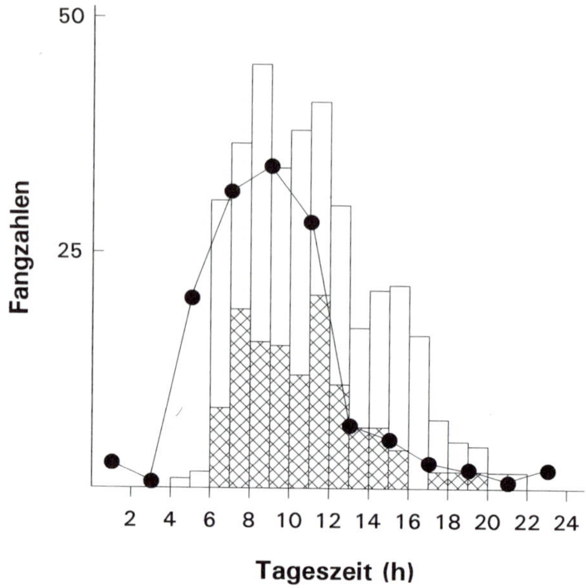

Abb. 9.3: Tageszeitliche Verteilung der Fänge des Hausrotschwanzes auf dem Col de La Golèze (Hoch Savoyen; Balken) und dem Col de Bretolet (Wallis; Kurve) im Herbst (August-Oktober). Fänge im Oktober (Schraffur) sind für den Col de la Golèze separat ausgewiesen, um zu zeigen, daß sich das Muster auch in der Hauptzugzeit nicht wesentlich ändert. Nach Frelin 1986, verändert.

Mitteleuropa typisch sein. Ein solches Zugverhalten könnte für einen Wartenjäger, der relativ viel Zeit fürs Jagen braucht, aus strategischen Gründen öfters die Jagdflächen wechseln muß (Kap.5), und gleichzeitig keine Eile hat, vor allem in der Anlaufphase des Zuges durchaus sinnvoll sein. Wenn größere Strecken zurückgelegt werden müssen, wird aber insgesamt wohl auch bei Hausrotschwanz, wie bei anderen insektivoren Zugvögeln, Nachtzug mit anschließender Tagesrast in insektenreichen Gebieten, die normale und ökonomischste Zugstrategie darstellen.

Den größten Teil ihres Weges ins Winterquartier legen Hausrotschwänze offenbar in typischem Breitfrontzug zurück. Die Höhenzüge des Schweizer Kettenjuras haben allerdings eine deutliche Leitlinienwirkung, und die Hauptmasse der aus dem westlichen Mitteleuropa gegen Südwesten strömenden Hausrotschwänze dürfte die Westalpen umgehen. Beobachtungen aus den Ostalpen und das regelmäßige Vorkommen östlicher Hausrotschwänze in Italien und Westjugoslawien legen aber nahe, daß die Alpen genauso wie das Mittelmeer (s. Ringfunde auf Inseln -Abb.3.3) kein wesentliches Zughindernis darstellen und regelmäßig von Teilen der europäischen Populationen überquert werden.

9.3.2 Phänologie

Die Auswertung von Daten des großartigen Ganzjahresatlas der holländischen Vogelkundler (SOVON 1987, Abb. 9.4) soll eine Vorstellung davon geben, wie sich in Mitteleuropa im Jahreslauf Raumdispersion und relative Häufigkeit des Hausrotschwanzes ändern.

Das Muster des nachbrutzeitlichen Auftretens außerhalb der Brutgebiete ist in vielen Fang- und Beobachtungsstationen zweigipfelig, manchmal sogar mehrgipfelig. Da nach einem ersten Ansturm dispergierender Jungvögel im Juli oft noch eine zweite kleinere Welle im August (Zweitbruten !?) zu registrieren ist, läßt sich der Beginn des eigentlichen Wegzuges nur schwer genau festlegen. Das Studium vieler lokaler Avifaunen und überregionaler Zusammenfassungen zeigt aber ganz eindeutig, daß in allen Teilen Mitteleuropas spätestens ab der dritten Septemberdekade deutlicher Zug einsetzt und stärkster Zug fast überall in den ersten beiden Oktoberdekaden

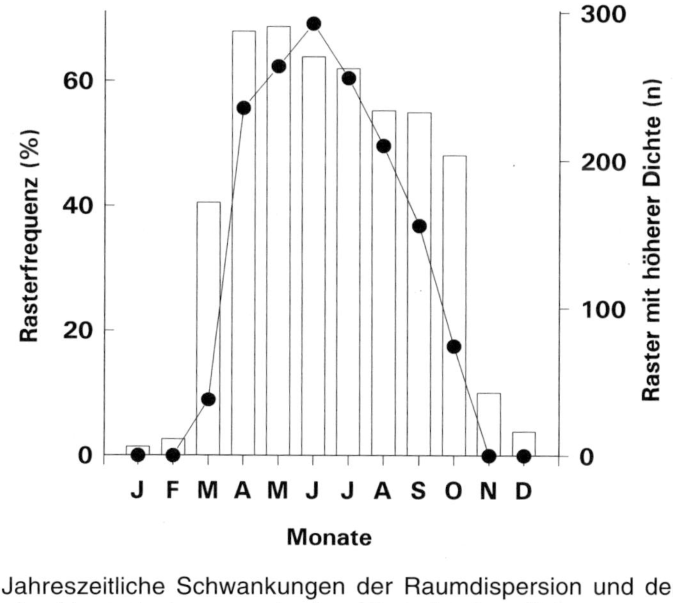

Abb. 9.4: Jahreszeitliche Schwankungen der Raumdispersion und der relativen Häufigkeit des Hausrotschwanzes in den Niederlanden. Balken: monatliche Rasterfrequenzen (Prozentsatz der Raster mit Nachweisen; n = 1767 Raster mit 25 km²). Kurve: Anzahl von Rastern mit mehr als zehn Meldungen bzw. Individuen. Original nach Daten im Atlas der Niederländischen Vögel (SOVON 1987).

registriert wird. Der Zug klingt im November langsam aus und kann in Einzeljahren durchaus bis Mitte November recht lebhaft sein. Insgesamt sind aber die Bestände im November schon sehr ausgedünnt (Abb. 9.3) und späte Zughöhepunkte im November, wie sie von BERTHOLD (1983) für den süddeutschen Raum als generelles Phänomen postuliert werden, sind nach den vorliegenden Daten nicht haltbar. In der Camargue kulminiert der Zug dementsprechend bereits Mitte Oktober (BLONDEL 1966) und in den Überwinterungsgebieten im Mittelmeerraum werden Wiederfunde öfters bereits ab September, verstärkt aber schon ab Oktober, mit Höhepunkten im November gemeldet (HEMPL & REETZ 1957, ERARD & YEATMANN 1967, ZINK 1981).

In Mitteleuropa und sogar aus Nord- und Osteuropa liegt zwar eine Vielzahl von Einzelbeobachtungen aus den Wintermonaten vor (Übersicht in GLUTZ & BAUER 1988), dennoch sind wirklich erfolgreiche Überwinterungen nicht häufig dokumentiert worden. Selbst wenn Überwinterungen oder Winterbeobachtungen regional, wie z.B. zwischen 1980-1992 im Bodenseeraum (Ch. BÖHM, unpubl.), alljährlich vorkommen, sind sie der Menge nach völlig unbedeutend. Die Häufung milder Winter in den letzten Jahren könnte aber auch beim Hausrotschwanz eine schrittweise Änderung des Wanderverhaltens nach sich ziehen, und es wird interessant werden, die Entwicklung in den nächsten Jahrzehnten zu beobachten.

Derzeit macht sich aber ein Gros der mitteleuropäischen Hausrotschwänze schon ab Januar aus dem Mittelmeerraum in die nördlichen Brutgebiete auf. Nördlich der Alpen gelingen einzelne erste Beobachtungen zwar in vielen Jahren und Gebieten bereits ab Ende Februar, der Heimzug wird aber erst ab Mitte März lebhaft und die Ankunft in den Brutrevieren zieht sich in Mittel-, Ost-, und Nordeuropa je nach Lage des Brutgebietes und je nach Alter und Zugerfahrung, bis weit in den April oder gar bis Ende Mai, Anfang Juni hin (vgl. Kap. 6, Abb. 6.1)

Nicht selten schießt dabei ein Teil der ziehenden Vögel über das Ziel hinaus und dringt weit nach Norden oder Nordosten vor (z.B. LANGSLOW 1977). So tauchen Hausrotschwänze nicht nur regelmäßig in Schottland auf, sondern sind sogar schon über 69° N im norwegischen Finnmark und bis Finnisch Lappland vorgedrungen. Solche Zugwegprolongationen dürften vor allem auf junge, unerfahrene Vögel zurückzuführen sein. Sie sind sicher ein weiterer Motor der eindrucksvollen Arealausweitung und Eroberung neuer Gebiete, die den Hausrotschwanz inzwischen in weiten Teilen Europas zum steten Begleiter des Menschen und zum bequem erreichbaren und nicht zuletzt deshalb so faszinierenden Studienobjekt gemacht haben.

10 Literaturverzeichnis

ADAM, K. (1988): Stadtökologie in Stichworten. Unterägeri

ALI, S. & S.D. RIPLEY (1987): Compact handbook of the birds of India and Pakistan. 2nd. edition, Delhi, Oxford, New York

ANDERSSON, M. (1981): On optimal predator search. Theor. Pop. Biol. 19: 58-86

ANDERSSON, R. (1985): Breeding site selection of Black Redstart *Phoenicurus ochruros* (Schwedisch). Vår Fågelvärld 44: 224-226

ANDERSSON, R. (1985 a): Brood division by parent Black Redstarts, *Phoenicurus ochruros* feeding fledged young (Schwedisch). Vår Fågelvärld 44: 224-226

ANDERSSON, R. (1987): Territoriality and structure of a Swedish population of Black Redstart in the breeding season. Vår Fågelvärld 46: 256-269

ANDERSSON, R. (1990): Breeding biology of the Black Redstart, *Phoenicurus ochruros,* in south-west Sweden. Vår Fågelvärld 49: 201-210

ANDERSSON, R. (1991): Sexing and aging of Black Redstarts *Phoenicurus ochruros* (Schwedisch): Ornis Svecica 1: 53-55

ANDERSSON, R. (1991 a): Revirdominans hos svart rödstjärt-presentation av ett burexperiment. Medd. Getteröns fågelstation 28: 27-28.

ANDERSSON, R. (1995): Pattern of territory establishment in males, territory quality and floaters in a marginal population of Black Redstart *Phoenicurus ochruros* (Schwedisch): Ornis Svecica 5: 143-159

ARNOLD, M.L. (1992): Natural hybridization as an evolutionary process. Annu. rev. Ecol. Syst. 23: 237-261

BAIRLEIN, F. (1981): Ökosystemanalyse der Rastplätze von Zugvögeln. Beschreibung und Deutung der Verteilungsmuster von ziehenden Kleinvögeln in verschiedenen Biotopen der Stationen des„Mettnau-Reit-Illmitz-Programmes". Ökol. Vögel 3:7-137

BAIRLEIN, F. (1990): Zur Nahrungswahl der Gartengrasmücke *Sylvia borin*: ein Beitrag zur Bedeutung der Frugivorie bei omnivoren Singvögeln. Proc. Int. 100 DO-G Meeting, Current Topics avian Biol. 103-110

BAUER, H.G. (1987): Geburtsorttreue und Streuungsverhalten junger Singvögel. Vogelwarte 34: 15-32

BAUER, H.G. & G. HEINE (1992): Die Entwicklung der Brutvogelbestände am Bodensee. Vergleich halbquantitativer Rasterkartierungen 1980/81 und 1990/91. J. Orn. 133: 1-22

BAZIEV, D.K. (1970): Interior characteristics of *Phoenicurus e. erythrogaster* and *Phoenicurus o. ochruros*. Ekologija (Moskau) 2: 144-147

BEECROFT, J. (1986): The Suffolk Black redstart breeding survey 1986. Suffolk Orn. Group Bull. 75: 16-19

BEKHUIS J. (Comp.1992): Breeding Bird Atlas of Europe. Working Report Part 2: Passeriformes. European ornithological Atlas Commitee

BEME, I.R. & R.L. BEME (1986): Formation of sound signals in ontogenesis and phylogenetic relation in Redstarts of the genus *Phoenicurus* (*Passeriformes, Turdidae*) (russ). Zool. Zwinal 65 (3): 378-386

BERG-SCHLOSSER, G. (1981): Die Brutvögel der südlichen Reschenregion, Südtirol, Italien. Anz. orn. Ges. Bayern 20: 45-63

BERNDT, R. (1942): Seriennester bei Grauschnäpper und Hausrotschwanz. Deutsche Vogelwelt 67: 83-85

BERTHOLD, P. (1976): Animalische und vegetabilische Ernährung omnivorer Sinvogelarten: Nahrungsbevorzugung, Jahresperiodik der Nahrungswahl, physiologische und ökologische Bedeutung. J. Orn. 117: 145-209

BERTHOLD, P. (1983): Über Jugendentwicklung, Zugunruhe und Zugverhalten des Hausrotschwanzes *Phoenicurus ochruros*. J. Orn. 124: 117-131

BERTHOLD, P. (1985): Vergleichende Untersuchung von Jugendentwicklung und Zugverhalten beim Garten-und Hausrotschwanz (*Phoenicurus phoenicurus, Ph. ochruros)*. J. Orn. 126: 383-392

BERTHOLD, P., G. FLIEGE, G. HEINE, U. QUERNER & R. SCHLENKER (1991): Wegzug, Rastverhalten, Biometrie und Mauser von Kleinvögeln in Mitteleuropa. Vogelwarte 36 (Sh.): 1-221

BERTHOLD, P., A. KAISER, U. QUERNER & R. SCHLENKER (1993): Analyse von Fangzahlen in Hinblick auf die Bestandsentwicklung von Kleinvögeln nach 20jährigem Betrieb der Station Mettnau, Süddeutschland. J. Orn. 134: 283-299

BETHGE, E. & L. HAYO (1979): Untersuchungen an einer Population der Schleiereule *Tyto alba* in einem ländlichen Bezirk des westlichen Saarlandes. Anz.orn. Ges. Bayern 18: 161-170

BEZZEL, E. & R. PRINZINGER (1990): Ornithologie, Stuttgart

BEZZEL, E. (1993): Kompendium der Vögel Mitteleuropas. Passeres-Singvögel. Wiesbaden

BIBER, O. (1973): Zur Phaenologie des Herbstzuges beim Hausrötel *Phoenicurus ochruros* nach Fangergebnissen auf dem Chasseral (Berner Jura). Orn. Beob. 70: 147-156

BIBER, O.(1978): Zum Polymorphismus der Gefiederfärbung beim Hausrotschwanz *Phoenicurus ochruros*. Jb. naturhist. Mus. Bern 6: 133-142

BIBER O. (1984): Untersuchungen zum Tagzugverhalten des Hausrotschwanzes *Phoenicurus ochruros* während der Herbstzugzeit nach Feldbeobachtungen auf dem Chasseral (Jura). Lizentiatsarbeit Univ.Bern

BIRKHEAD, T.R., L. ATKIN & A. P. MLLER (1987): Copulation behaviour in birds. Behaviour 101: 101-138

BIRKHEAD, T.R. & A. P. MLLER (1992): Sperm competition in birds. London

BLATTNER, M. & M. KESTENHOLZ (1993): Brut eines wahrscheinlichen Hybriden Haus x Gartenrotschwanz *Phoenicurus ochruros* x *Phoenicurus phoenicurus.* Orn. Beob. 90: 241-245

BLONDEL, J. (1966): Le cycle annuel des passereaux en camargue. Terre et Vie 20: 271-294

BLONDEL, J. (1967): Etude d'une clin chez le Rouge-queue à front blanc: la variation de la longeur d'aile sons utilisation dans l´etude des migrations. Alauda 35: 83-105, 163-193

BÖHM, C. & A. LANDMANN (1995): Nistplatzwahl, Neststandort und Nestbau beim Wasserpieper (*Anthus spinoletta*). J. Orn. 136: 1-16

BRENSING, D. (1977): Nahrungsökologische Untersuchungen an Zugvögeln in einem südwestdeutschen Durchzugsgebiet während des Wegzuges. Vogelwarte 29: 44-56

BRENSING, D. (1989): Ökophysiologische Untersuchungen der Tagesperiodik von Kleinvögeln. Ökol.Vögel 11: 1-148

BRUDERER, B. & V. NEUSSER (1983): Nächtliche Aktivität und „Heimfinden" beim Hausrotschwanz *Phoenicurus ochruros*. Orn. Beob. 79: 145-157

BUB, H. (1980): Beeren des Seidelbasts *Daphne* spec. als Vogelnahrung. Anz. orn. Ges. Bayern 19: 118

BÜHLER, O. (1991): Populationsökologie des Sperbers in der Schweiz. Orn. Beob. 88: 341-452

BULLINI, L. (1994): Origin and evolution of animal hybrid species. Trends ecol. evol. 9: 422-426

BUTCHER, S.G. & S. ROHWER (1989): The evolution of conspicious and distinctive coloration for communication in birds. Current Ornithol. 6: 51-108

CARLSON, A. & J. MORENO (1985): Central place foraging in Wheatears: foraging itineraries when feeding nestlings. Behav. Ecol. Sociobiol. 16: 307-316

CARTER, H. & C.R. LEWIS (1990): An urban geography of England and Wales in the nineteenth century. London.

CHRISTENSEN, H. (1990): HusrØdstjert *Phoenicurus ochruros* med tre kuld. Dansk. orn. For. Tidskr. 84: 165.

CRAMP, S. (Ed. 1988): Handbook of the Birds of the Western Palaearctic. Vol.V, Oxford

CUADRADO, M. (1995): Winter territoriality in migrant black redstarts *Phoenicurus ochruros* in the Mediterranean area. Bird study 42: 232-239

CUCCO, M. & G. MALACARNE (1993): Lo Sviluppo ritardato della livrea sessuale nel Cordirosso Spazzamino *Phoenicurus ochruros*. VII. Convegno di ornithologia-Urbino: 17

DALE, S. & T. SLAGSVOLD (1994): Polygyny and deception in the pied flycatcher: can females determine male mating status ? Anim. Behav. 48: 1207-1217

DAVIES, N. B. (1992): Dunnock Behaviour and Social Evolution. Oxford

DEHNER, R. (1990): Bigynie beim Hausrotschwanz (*Phoenicurus ochruros*). Faun. und flor. Mitt. „Taubergrund" 9: 69

DESFAYES, M. (1969): Affinities of *Chaimarrornis* and *Rhyacornis*. Ibis 111: 244-245

DESFAYES, M & J.C. PRAZ (1978): Notes on habitat and distribiution of montane birds in southern Iran. Bonn. zool. Beitr. 29: 18-37

DEUTSCH, A. (1989): Zum Gefiederpolymorphismus des Hausrotschwanz (*Phoenicurus ochruros*) im Bielefelder Norden. Orn. Mitbl. f. Ostwestfalen-Lippe 37: 7-8

DEVILLERS P., W. BROGGEMANN, J.TRICOT, P. DEL MARMOL, C. KERWIJN, J.P. JACOB & A. ANSELIN (1988): Atlas des oiseaux nicheurs de Belgique. Brüssel

DIESSELHORST, G. (1968): Beiträge zur Ökologie der Vögel Zentral- und Ostnepals. Khumbu Himal. Ergebnisse des Forschungsunternehmens Nepal Himalaya 2. Innsbruck

DROST, R. & H. DRESSELBERGER (1932): Vom Zug des Gartenrotschwanz und des Hausrotschwanz. Vogelzug 3: 105-115

DUBOIS, A. & J. MARTENS (1984): A case of possible vocal convergence between frogs and a bird in Himalayan torrents. J. Orn. 125: 455-463

DVORAK, M., A. RANNER & H.M BERG (1993) Atlas der Brutvögel Österreichs. Wien

ECK, S. (1983): Katalog der ornithologischen Sammlung Dr. U. Bährmanns (2.Forts). Zool. Abh. Mus. Tierkunde, Dresden 30: 1-38

ECK, S. (1988): Ist Otto Kleinschmidts Formenkreis-Konzept wieder aktuell ?. Proc. Int. 100 DO-G Meeting, Current topics avian Biol. Bonn: 61-67

ECK, S. (1990): Über Maße mitteleuropäischer Sperlingsvögel. Zool. Abh. Mus. Tierkunde, Dresden 46:1-55

EICHER, P.(1962): Hausrotschwanz (*Phoenicurus ochruros*) baut gleichzeitig drei Nester nebeneinander. Regulus 42: 236

ELLEGREN, H. (1991): Stopover ecology of autumn migrating Bluethroats *Luscinia s. svecicia* in relation to sex and age. Ornis scand. 22: 340-348

ERARD, C. & L. YEATMAN (1967): Sur les migrations des *Phoenicurus ochruros gibraltarensis* d'apres les donnees du bagage. L'Oiseau et R.R.O. 37: 20-47

FITTER, R.S. (1976): Black redstarts breeding in Britain 1969-73. Brit. Birds 69: 9-15

Fitter, R.S. (1955): The spread of the Black redstart as a breeding species in England. Acta XI Congr. Int. Orn. Basel: 443-445

Flade, M: (1994): Die Brutvogelgemeinschaften Mittel- und Norddeutschlands. Eching

Frelin, C. (1986): La migration d´automne du Rougequeue à front blanc et du Rougequeue noir dans les alpes. Alauda 54: 177-186

Freuler, R. (1990): Jungeführendes Hausrotschwanzpaar im Oktober. Orn. Beob. 87: 57-59

Gattiker, E. & L. Gattiker (1989): Die Vögel im Volksglauben. Wiesbaden

Gerhard, M. (1992): Habitatnutzung dörflicher Singvogelzönosen im südlichen Bergischen Land. Dipl. Arb. Univ. Bonn

Geroudet, P. (1963): La vie des oiseaux: les passereaux 2. Neuchâtel

Gibbons, D.W., J.B. Reid & R.A. Chapmann (1993): The new atlas of breeding birds in Britain and Irland 1988-1991. London

Gliemann, L. (1976): Ungewöhnliche Beobachtungen beim Hausrotschwanz. Falke 23: 134-135

Glutz v. Blotzheim, U.N. & K.M. Bauer (1988): Handbuch der Vögel Mitteleuropas, Vol 11/1. Wiesbaden

Gnielka, R. (1968): Zur Phaenologie des Herbstgesangs und der Herbstbalz. Orn.Mitt. 21: 179-188, 205-207

Gowaty, P.A. (1994): Parental care by males and paternity certainty among eastern bluebirds. J. Orn. 135: 458

Grant, P.R. & B.R. Grant (1992): Hybridization of bird species. Science 256: 193-197

Grempe, G. (1982): Weitere Ausbreitung des Hausrotschwanzes. Falke 29: 50

Härtel, H. (1994): Die Bestandsveränderung des Hausrotschwanzes *Phoenicurus ochruros* und die Häufigkeit der *paradoxus*-Morphe auf der Paderborner Hochfläche. Charadrius 30: 212-214

Hauri, R. (1978): Beiträge zur Biologie des Mauerläufers *Tichodromia muraria*. Orn. Beob. 75: 173-192

Hauri, R: (1988): Zur Vogelwelt der Molassefelsen im bernischen Mittelland. Orn. Beob. 85: 1-79

Havlin, J. (1976): Brutzeit und Bruterfolg des Hausrotschwanzes (*Phoenicurus ochruros*). Zool. Listy 25: 343-353

Hempel, C. & W. Reetz (1957): Der Zug von Hausrotschwanz und Gartenrotschwanz nach Beringungsergebnissen. Vogelwarte 19: 97-119

Herrera, C.M. (1978): Datos sobre la dieta invernal del colirrojo tizon (*Phoenicurus ochruros*) en encinares de Andalucia occidental. Doñana Acta Vertebrata 5: 61-71

Hill G.E. (1989): Late spring arrival and dull nuptial plumage: aggression avoidance by yearling males. Anim. Behav. 37: 665-673

Hudec, K. (Hrsg. 1983): Fauna CSSR, Ptáci-Aves, Bd.3. Prag

Hutto, R.L. (1981): Temporal patterns of foraging activity in some wood warblers in relation to availability of insect prey. Behav. ecol. Sociobiol. 9:195-198

Illner, H., M. Judas, H. Oelke & K. Jünemann (1992): Italian summer bird populations (Lunigiana, NW-Tuscany, Apennines) and biogeographic analysis. Boll. Mus. St. Nat. Lungiana 8: 13-95

Jenni, L. (1984): Herbstzugmuster von Vögeln auf dem Col de Bretolet unter besonderer Berücksichtigung nachbrutzeitl. Bewegungen. Orn.Beob. 81:183-213

Jenni, L. & T. Degen (1990): Biotopnutzung von Kleinvögeln in einem Naturschutzgebiet und im umliegenden Kulturland während der Herbsttzugzeit. Orn. Beob. 87: 295-325

Jenni, L. & R. Winkler (1994): Moult and aging in European Passerines. London

KASPAREK M. (1981): Die Mauser der Vögel Europas - ein Feldführer. Lengede

KLEIN, E.L (1981): Konstante und variable Strukturen im Reviergesang europäischer und asiatischer Populationen des Hausrotschwanzes (*Phoenicurus ochruros* Gmelin, 1789). Staatsexamensarbeit, Univ. Mainz

KLEINSCHMIDT, O. (1903): Ornis von Marburg an der Lan: 5. *Erithacus domesticus*. J. Orn. 51: 357-383

KLEINSCHMIDT, O. (1907/08): Berajah-Zoographia infinita: *Erithacus domesticus*. Leipzig

KLEINSCHMIDT, O. (1908): Berajah-Zoographia infinita: Die fremden Formenkreise des Subgenus *Phoenicurus*. Halle

KNEIS, P. & T. SPRETKE (1985): Zwischenartliche Aspekte der Besiedlung zweier mongolischer Berghänge durch Drosselvögel der Gattung *Oenanthe*, *Monticola* und *Phoenicurus*. Mitt. zool. Mus. Berlin 61, Suppl: Ann.Orn. 9: 71-92

KOLLINSKY, C. (1993): Altersspezifische Unterschiede in Revierstruktur, Revierverhalten und Fortpflanzungserfolg beim Hausrotschwanz *Phoenicurus ochruros*. Dipl. Arb. Univ. Innsbruck

KOLLINSKY, C. & A. LANDMANN (1996): Altitudinal distribution of male Black Redstarts: are there age-dependent patterns? Bird study 43 (in press)

LACK, D. (1968): Ecological adaptations for breeding in Birds. Chapmann & Hall, London

LANDMANN A. (1987): Ökologie synanthroper Vogelgemeinschaften. Diss. Univ. Innsbruck

LANDMANN, A. (1987a): Über Bastardierung und Mischbruten zwischen Gartenrotschwanz (*Phoenicurus phoenicurus*) und Hausrotschwanz (*Ph. ochruros*). Ökol. Vögel 9: 97-106

LANDMANN, A. (1987 b): Untersuchungen zur Siedlungsbiologie, Populationsstruktur und zum Gefiederpolymorphismus des Hausrotschwanzes (*Phoenicuros ochruros*) als Beispiel für differenzierte Auswertungsmöglichkeiten von Siedlungsdichteuntersuchungen. Beitr. Naturkde. Niedersachsen 40: 227-231

LANDMANN, A. & C. BÖHM (1993): Verbreitungs- und Häufigkeitsmuster von Wirbeltieren im Tiroler Lechtal. 2 Bände. Innsbruck.

LANDMANN, A. & C. KOLLINSKY (1995): Age and plumage related territory differences in male black redstarts: the (non) adaptive significance of delayed plumage maturation. Ethol. Ecol. Evol. 7: 147-167

LANDMANN, A. & C. KOLLINSKY (1995 a): Territory defence in Black redstarts, *Phoenicurus ochruros:* effects of intruder and owner age ? Ethology 101: 121-129

LANDMANN, A. & N. WINDING (1993): Niche segregation in high-altitude Himalayan chats (Aves: Turdidae): does morphology match ecology? Oecologia 95: 506-519

LANDMANN, A. & N. WINDING (1995): Guild organisation and morphology of high-altitude granivorous and insectivorous birds: convergent evolution in an extreme environment. Oikos 73: 237-250

LANGSLOW, D.R (1977): Movements of Black redstarts between Britain and Europe as related to occurrences at observatories. Bird study 24: 169-178

LARDELLI, R. (1988): Atlante Degli Ucelli Nidificante nel Mendrisiotto. Lugano

LEDERER, R.J. (1972): The role of avian rictal bristles. Wilson Bull. 84: 193-197

LEIBL, F. (1988): Ökologisch-faunistische Untersuchungen an Vögeln in Windwurfflächen im Nationalpark Bayrischer Wald. Anz. orn. Ges. Bayern 24: 227-264

LEISLER, B. & H. WINKLER (1991): Ergebnisse und Konzepte ökomorphologischer Untersuchungen an Vögeln. J. Orn. 373-425

LÖHRL, H. (1979): Vogelforschung rund ums Haus. Ökol. Vögel 1: 11-12

LYON, B.E. & R.D. MONTGOMERIE (1986): Delayed plumage maturation in passerine birds: reliable signalling by subordinate males ? Evolution 40: 605-615

MENZEL, H. (1983): Der Hausrotschwanz. 2. Aufl. Wittenberg-Lutherstadt

MØLLER, A.P (1986): Mating systems among european passerines: a review. Ibis 128: 234-250

MØLLER, A.P. (1991): Why mated songbirds sing so much: mate guarding and male announcement of mate fertility status. Amer. Naturalist 138: 994-1014

MAC CALL, C & R.B. PRIMACK (1992): Influence of flower characteristics, wheater, time of day and season on insect visitation rates in three plant communities. Amer. J. Botany 79: 434-442

MACKRODT, P. (1973): Zur Ernährung von Hausrotschwanznestlingen. Gef. Welt 97: 150-152

MARTENS, J. (1982): Ringförmige Arealüberschneidung und Artbildung beim Zilpzalp *Phylloscopus collybita abietinus* und *Ph. c. sindianus*. Z. zool. syst. Evolut. Forsch. 20: 82-100

MEY, E. (1974): Zur Nestlingsnahrung des Hausrotschwanzes (*Phoenicurus ochruros* (GMEL.). Abh. u. Ber. Naturkundl. Mus. "Mauritianum" Altenburg 8: 319-324

MITSCHKE, A. (1993): Multivariate Analysen von Brutvogelgemeinschaften im Hamburger Raum. Hamburger avifaun. Beitr. 25: 1-123

MORENO, J. (1984): Search strategies of Wheatears (*Oenanthe oenanthe*) and Stonechats (*Saxicola torquata*): adaptive variation in perch hight, search time, sally distance and interperch move length. J. Anim. Ecol. 53: 147-154

MORTON E. S. & DERRICKSON, K.C. (1990): The biological significance of age-specific return schedules in breeding purple martins. Condor 92: 1040-1050

MÜHLHÄUSSER, G. (1980): Beeren des Seidelbastes *Daphne mezerum* zur Jungenaufzucht beim Hausrotschwanz *Phoenicurus ochruros*. Anz. orn. Ges. Bayern 19:190

MÜLLER, W., HESS, R. & B. NIEVERGELT (1988): Die Obstgärten und ihre Vogelwelt im Kanton Zürich. Orn. Beob. 85: 123-157

NAZARENKO, A.A. (1985): Some historic-biogeographic problems connected with the Himalyas (with special reference to the dendrophilous avifauna). (russ.) J. General Biol. 46: 41-54

NAZARENKO, A.A. (1988): Recent history of the east palaearctic avifauna: transzonal interchange of the forest elements between south and north Asia since the last 35000 years. Proc. Int.100. DO-G Meeting, Bonn: Current Topics avian Biol. 81-87

NESENHÖNER, H. (1956): Beobachtungen, insbesondere brutbiologischer Art, am Hausrotschwanz (*Phoenicurus ochruros*). Ber. naturw. Ver. Bielefeld 14: 128-156

NEWTON, I. (1992): Experiments on the limitation of bird numbers by territorial behaviour. Biol. Rev. 67: 129-173

NICOLAI, B. (1988): Revierbesetzungsfolge beim Hausrotschwanz (*Phoenicurus ochruros*). Acta ornithoecol. 1: 367-377

NICOLAI, B. (1989): Zur Nesthygiene beim Hausrotschwanz (*Phoenicurus ochruros*). Acta ornithoecol. 2: 95-99

NICOLAI, B (1990): Verzögerte Nestlingsentwicklung beim Hausrotschwanz (*Phoenicurus ochruros*). Acta ornithoecol. 2: 188-189

NICOLAI, B. (1990 a): Spätbruten des Hausrotschwanzes (*Phoenicurus ochruros*) und ihre Einordnung in die Brutphaenologie. Orn. Rundbrief Mecklenburg-Vorpommern 33: 38-43

NICOLAI, B. (1992): Quantitative Untersuchungen zum Polymorphismus der Gefiederfärbung beim Hausrotschwanz (*Phoenicurus ochruros*). Anz. Ver. Thüring. Ornithol. 1: 65-72

NICOLAI, B. (1992 a): Beobachtungen zur Beutewahl und Beutebehandlung durch den Hausrotschwanz (*Phoenicurus ochruros).* Beitr. Vogelkunde 38: 141-143

NICOLAI, B. (1992 b): Untersuchungen zur Nahrung und zum Nahrungserwerb des Hausrotschwanzes (*Phoenicurus ochruros*). Orn. Jber. Mus. Heineaneum 10: 75-105

NICOLAI, B. (1992c): Brutbiologische Angaben für den Hausrotschwanz in Sachsen-Anhalt. Apus 8: 66-77

NICOLAI, B. (1992 d): Gesangsdialekt beim Hausrotschwanz (*Phoenicurus ochruros*): Tradierung und Gesangslernen. Rudolstädter nat. hist. Schriften 4: 83-90

NICOLAI, B. (1993-Hrsg): Atlas der Brutvögel Ostdeutschlands. Jena

NICOLAI, B. (1994): Sind alte Männchen des Hausrotschwanzes (*Phoenicurus ochruros)* reproduktiver als junge ?. Orn. Jber. Mus. Heineanum 12: 93-95

ORENSTEIN, R.I. (1979): The systematic position of the water redstarts *Chaimarrorn*is and *Rhyacornis.* Ibis 121: 220-224

ORIANS, G. (1969): On the evolution of mating systems in birds and mammals. Amer. Naturalist 103: 589-603

PIEROTTI, R. & C.A. ANNETT (1993): Hybridization and male parental investment in birds. Condor 95: 670-679

PURGER, J.J (1989): Present range of Black redstart *Phoenicurus ochruros gibraltarensis* (Gmelin) 1789 in Vojvodina and surrounding areas. Bull. Nat. History Mus. Belgrad 43/44: 175-183

REINSCH, A. (1979): Hausrotschwanz *Phoenicurus ochruros* brütet erfolgreich in einem Generator. Anz. orn. Ges. Bayern 18:191

ROHWER, S. (1982): The evolution of reliable and unreliable badges of fighting ability. Amer. Zool. 22: 531-546

ROHWER, S. & G.S. BUTCHER (1988): Winter versus summer explanations of delayed plumage maturation in temperate passerine birds. Amer. Naturalist 131: 556-572

ROHWER, S., S.D FRETWELL & D.M. NILES (1980): Delayed plumage maturation in passerine plumages and the deceptive acquisition of resources. Amer. Naturalist 115: 400-437

RÖSSLER, G. (1984): Kotballendepot vom Hausrotschwanz (*Phoenicurus ochruros*). Orn. Mitt. 36: 160

RÜGGEBERG, T. (1960): Zur funktionellen Anatomie der hinteren Extremität einiger mitteleuropäischer Singvogelarten. Z. wiss. Zool. 164: 1-118

RUTHKE, P. (1941): Wie oft singt ein Hausrotschwanz an einem Tage. Beitr. Fortpflanzungsbiol. Vögel 17: 106

SACKL, P. & G. RAUER (1987): Populationsanteile und Höhenverbreitung einjähriger Männchen beim Hausrotschwanz (*Phoenicuros ochruros*) im Waldviertel, Niederösterreich. J. Orn. 128: 491-494

SANDER, U. & M. WITZLEB (1987): Untersuchungen zur Siedlungsdichte des Hausrotschwanzes (*Phoenicurus ochruros*). Orn. und Natursch. im Regierungsbez. Koblenz 9: 201-202

SCHÄFER, E. (1938): Ornithologische Ergebnisse zweier Forschungsreisen nach Tibet. J. Orn. 86 (Sh): 1-349

SCHEER, G. (1950): Vom Vogelgesang am frühen Morgen. Orn. Mitt. 2: 3

SCHIFFERLI, A., P. GEROUDET & R. WINKLER (1980): Verbreitungsatlas der Brutvögel der Schweiz. Sempach

SCHIFFERLI, L. (1979): Warum legen Singvögel (Passeres) ihre Eier am frühen Morgen ?. Orn. Beob. 76: 33-36

SCHMIDT, O. (1989): Gleichzeitige Bruten von Hausrotschwanz (*Phoenicurus ochruros*) und Gartenrotschwanz (*Phoenicurus phoenicurus)* am selben Gebäude. Anz. orn. Ges. Bayern 28: 65

SEITZ, B.J. (1989): Beziehungen zwischen Vogelwelt und Vegetation im Kulturland. Beih. Veröff. Naturschutz und Landschaftspflege Baden Württemberg 54: 1-234

SENK, R. (1962): Beobachtungen zur Brutbiologie des Hausrotschwanzes. Vogelwelt 82: 122-127

SHIELDS, G.F. & A.C. WILSON (1987): Calibration of mitochondrial DNA evolution in geese. J. Mol. Evol. 24: 212-217

SIBLEY C.G. & J.E. AHLQUIST (1990): Phylogeny and Classification of Birds. London

SIBLEY C.G. & B.L. MONROE (1990): Distribution and Taxonomy of birds of the world. London

SIMONS, D. & F. BAIRLEIN (1990): Neue Aspekte zur zugzeitlichen Frugivorie der Gartengrasmücke (*Sylvia borin*). J. Orn. 131: 381-401

SOVON (1987): Atlas van de Nederlandse Vogels. Arnhem

STEGMANN, B. (1928): Zur Systematik der Rotschwänze. J. Orn. 76: 496-503

STRACHE, R.R. (1988): Gesangsimitation beim Hausrotschwanz (*Phoenicurus ochruros*). Beitr.Vogelkde. 34: 62-63

SUKOPP, H. (Hrsg 1990): Stadtökologie. Das Beispiel Berlin. Berlin

SUNDBERG, J. & C. LARSSON (1994): Male coloration as an indicator of parental quality in the yellowhammer, *Emberiza citrinella*. Anim. Behav. 48: 885-892

TEMRIN, H. & A. ARAK (1989): Polyterritoriality and deception in passerine birds. Trends ecol. evol. 4: 106-109

THIELCKE, G. (1974): Stabilität erlernter Singvogel-Gesänge trotz vollständiger geografischer Isolation. Vogelwarte 27: 209-215

THIELCKE, G., K. WÜSTENBERGER & P.H. BECKER (1978): Reaktionen von Zilpzalp und Fitis (*Phylloscopus collybita*, *Phylloscopus trochilus*) auf verschiedene Gesangsformen des Zilpzalps. J. Orn. 119: 213-226

THIOLLAY, J.M. (1980): L évolution des peuplements d óiseaux le long d ún gradient altitudinal dans l' himalaya central: Revue ecologie (Terre Vie) 34: 199-269

TOTLAND, O. (1994): Influence of climate, time of day and season, and flower density on insect flower visitation in alpine Norway. Arctic and Alpine research 26: 66-71

TUCKER, G.M. & M.F. HEATH (1992): The conservation status of european birds. Working report ICBP, Cambridge.

TUCKER, G.M. & M.F. HEATH (1994): Birds in Europe: their conservation status. Bird Life conservation series 3. Cambridge

UTTENDÖRFER, O. (1952): Neue Ergebnisse über die Ernährung der Greifvögel und Eulen. Stuttgart

VAURIE, C. (1959), The birds of the palaearctic fauna. London

VERBEEK, N. (1984): Altitudinal distribution of first year male Black Redstarts (*Phoenicurus ochruros*) in the western Pyrenees. J. Orn. 125: 333-334

VIDAL, A. (1980): Die Vogelwelt von Steinbrüchen in der Region Regensburg. Anz. orn. Ges. Bayern 19: 27-35

VIERTHALER, E. & N. WINDING (1986): Aut- und synökologische Studie des Nahrungssuchverhaltens der Kleinvögel der Alpinstufe. Poster 96. DO-G Tagung Innsbruck, 1986, Abstract: J. Orn. 128, 1987: 399

VLEUGEL, D.A. (1960): Waarnemingen betreffende de areaal-uitbreiding van de Zwarte Rodstaart in ons land. Limosa 33: 6-18

VOOUS, K.H. (1962): Die Vogelwelt Europas und ihre Verbreitung. Hamburg, Berlin

VOROB´EV, G.P & U.P. LICHATSKIJ (1988): Nesting ecology of the Black redstart in an urban landscape in southeast Chernozemnij region. (russ). pp 118-122 in: IL´ICHEV, V.D (Ed): Ecology and behaviour of Birds. Moskau

WALLSCHLÄGER, D. (1992): Individual-und populationsspezifische Merkmale in Lautäußerungen von Sperlingsvögeln. (124. Jahrstg. DO-G). J. Orn. 133: 312

WEGGLER, M. (1991): Brutvögel im Kanton Zürich. Zürich

WEYAND, U. (1982): Experimentelle Untersuchungen zur Analyse artkennzeichnender Parameter im Gesang des Hausrotschwanzes, *Phoenicurus ochruros* (Gmelin 1774). Diplomarbeit Univ. Mainz

WINDING, N. (1984): Struktur, ökologische Strategien und anthropogene Beeinflussungen der Kleinvogelgemeinschaften im Glocknergebiet (Hohe Tauern, Österreichische Zentralalpen). Diss. Univ. Salzburg

WINDING, N. (1990): Habitatnutzung alpiner Kleinvögel im Spätsommer/Herbst (Hohe Tauern): Autökologie und Gemeinschaftsmuster. Ökol. Vögel 12: 13-37

WINDING, N., S. WERNER, S. STADLER & L. SLOTTA-BACHMAYER (1993): Die Struktur von Vogelgemeinschaften am alpinen Höhengradienten: quantitative Brutvogel-Bestandsaufnahmen in den Hohen Tauern (Österreichische Zentralalpen). Wiss. Mitt. Jahrb. Nationalpark Hohe Tauern 1: 106-124

WINKLER, R. (1979): Zur Pneumatisation des Schädeldachs der Vögel. Orn. Beob. 76: 49-118

WITTMANN, U. (1994): Zur molekularen Phylogenie der Drosseln (Aves: Familie Turdidae). Dipl. Arb. Univ. Heidelberg

WOKAC, R.M. (1990): Verheilte Frakturen an Skeletten europäischer Wildvogelarten. Ökol. Vögel. 12: 175-203

WOLTERS, H.E. (1980): Die Vogelarten der Erde. Lfg.6. Hamburg & Berlin

WÜST, W. (1970): Die Brutvögel Mitteleuropas. München

WÜST, W. (1986): Avifauna bavariae. Bd. II. München

ZAMORA, R. (1990): Interspecific aggression by the wheatear in a high-mountain passerine community. Ornis Scand. 21: 57-62

ZAMORA, R (1990 a): Snow field use by high mountain passerines in Sierra Nevada (SE of Spain). Doñana Acta Vertebrata 17: 57-66

ZAMORA, R. (1991): Avian habitat relationships in a mediterranean high mountain. Rev. ecol. (Terre Vie) 46: 231-244

ZAMORA, R. (1991 a): The selection of song perches among high-mountain passerines of Southeastern Spain. Ökol. Vögel 13:181-185

ZINK, G. (1981): Der Zug europäischer Singvögel. Ein Atlas der Wiederfunde beringter Vögel. Lfg. 3 Möggingen

ZWYGART, D. (1983): Die Vogelwelt von Nieder- und Hochstammobstkulturen des Kantons Thurgau. Orn. Beb. 80: 89-104

11 REGISTER